# 200+ Sudoku Puzzles For Kids

This book belongs to:

Copyright © 2020 by Andrew Asako
All rights reserved

# A humble request

Dear valued customer,

This book was lovingly designed with your full satisfaction in mind.

We, my wife and I, are aspiring writers and self-publishers. Without your help, we would not have a chance to compete against larger corporations with big marketing budgets that we don't have.

Therefore, we make a humble request -if you enjoyed this book- to spare a few minutes to leave us a review on this book's Amazon product page. **Each and every one of your reviews is paramount to us.**

We are forever grateful for your support and we hope we have succeeded in providing you or your loved one with a very special book.

Sincerely,
Andrew and Jenna

## Table of Content

How to play sudoku ........................ 1

4x4 sudoku puzzles ........................ 8

6x6 sudoku puzzles ........................ 35

9x9 sudoku puzzles ........................ 83

Solutions ........................ 125

# HOW TO PLAY SUDOKU

Sudoku is played on a 4x4, 6x6, or 9x9 grid. But, Other sizes exist too!

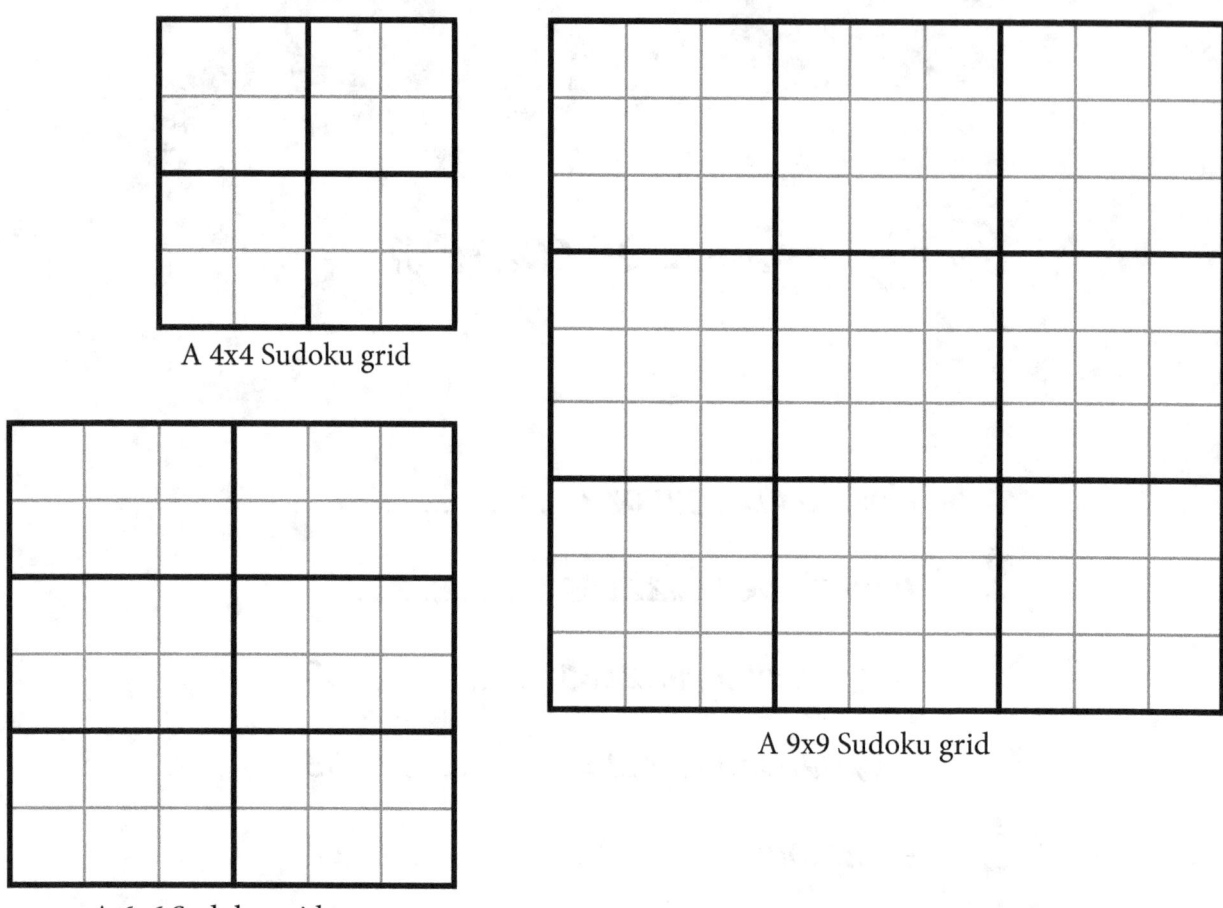

A 4x4 Sudoku grid

A 9x9 Sudoku grid

A 6x6 Sudoku grid

For example, a 4x4 grid contains 4 rows and 4 columns, which makes 16 cells. Another thing to pay attention to is what is called "regions", those are the areas inside the bold lines.

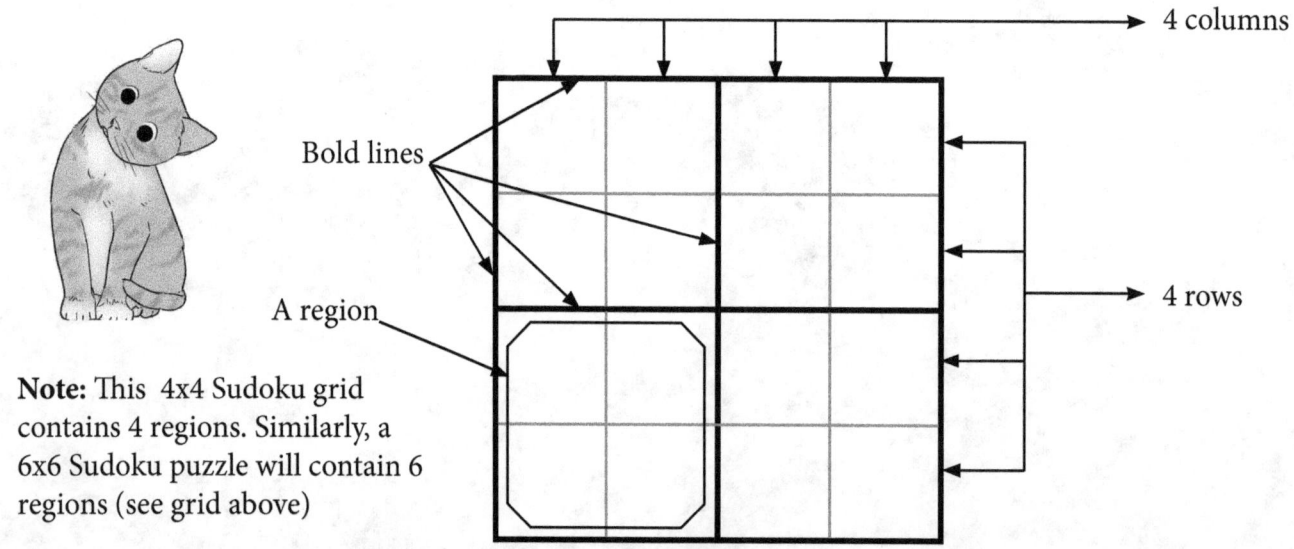

**Note:** This 4x4 Sudoku grid contains 4 regions. Similarly, a 6x6 Sudoku puzzle will contain 6 regions (see grid above)

Page 1

Every sudoku grid comes with a few cells already filled with numbers.

| 2 | 3 | 4 | 1 |
|---|---|---|---|
|   |   |   |   |
|   | 4 | 3 |   |
| 3 |   |   | 4 |

Now that you understand how a Sudoku grid is structured, let's learn how to play!

The goal of a 4x4 sudoku puzzle is to fill each cell with a number from 1 to 4 so that each row, column and region contain all the numbers from 1 to 4 without repeating any numbers in the row, column or region. Sounds complicated? Let's look at an example.

As you can see in the picture below of a 4x4 Sudoku puzzle, the first row is already filled with numbers from 1 to 4. So you'll only have to work on the remaining cells. That means the second, third and fourth rows.

| 2 | 3 | 4 | 1 |
|---|---|---|---|
|   |   |   |   |
|   | 4 | 3 |   |
| 3 |   |   | 4 |

So, lets focus on this cell first.

We can see that this cell belongs to second row (Counting from the top) and fourth column (counting from the left).

Now, this is a 4x4 Sudoku puzzle, so the possible values for any cell are the numbers from 1 to 4.

With this in mind, lets check which numbers we can put in.

**Step 1: The column rule**

The column to which this cell belongs contains two numbers; 1 and 4. So, according to the column rule we can not put those numbers in this cell, otherwise we are repeating them and breaking the rule. 1 and 4 are ruled out.

That leaves us with two possible solutions: 2 and 3.

**Step 2: The row rule**

Similarly to the column rule, we check the row to which the cell belongs and rule out any existing numbers in that row.

But in this case this row is empty, so it doesn't give us any additional clue. So we still have two possible solutions from step 1.

**Step 3: The region rule**

The region to which belongs this cell contains the numbers 1 and 4. So the region rule would dictate that those numbers should not be put in the cell.

But we've already ruled out 1 and 4 as possible solutions in step 1.

Therefore, this rule doesn't help us any further in this case.

**Step 4: Write down the possible solutions we found**

Since we couldn't figure out from the three rules in steps 1, 2 and 3 what is the solution, we'll write down the possible solutions that we found: 2 and 3.

To have room for all the possible solutions in the cell, write them down in a smaller size.

**Now repeat steps 1 through 4 for all the empty cells.**

**(Note: as you might have notice, you can change the order of steps 1, 2 and 3. It doesn't make any difference)**

You should get this ⟶

Now, notice those four cells

They have only one possible solution!

Congratulations! You have solved your first cells.

Lets write down those solutions in normal size

Now you can go through the three rules again (column, row and region rule) but this time try to do it in your head without writing and see if you can solve other cells.

For example, using the column rule we can solve this cell

From the two possible solutions (1 and 4) we can rule out 1 because it already exist in the column to which the cell belongs. So the answer is 4.

Using the region rule, we'll solve this cell

2 and 3 are the possible solutions but 2 already exists in the region to which the cell belongs, so 2 is ruled out. That leaves us with 3 as the solution.

Keep using the tree rules that you've learned and you'll solve the entire puzzle! If you did, you can take a break and color the drawing in the next page!

# COLOR ME!

# BEFORE YOU BEGIN TO SOLVE THE PUZZLES

## Don't guess

Sudoku is a game of logic and reasoning, so you shouldn't have to guess. If you don't know what number to put in a certain cell, keep scanning the other areas of the grid until you see an opportunity to place a number. But don't try to force anything. Sudoku rewards patience and thinking, avoid relying blind luck or guessing.

## Difficulty levels

As you progress through the book, the grid size will change from 4x4 to 6x6, and finally to 9x9. So, the difficulty level will gradually increase from easy to medium. However, with enough concentration you can do all the puzzles.

The 6x6 and 9x9 Sudoku grids can be solved with the same principles and rules you've learned. The 6x6 cells' solutions can be any number from 1 to 6 (instead of numbers from 1 to 4 in the case of a 4x4 grid). In the case of 9x9 grids, the solutions of the cells can be any number from 1 to 9.

You can always go back and revisit the example in the previous pages if you forgot the process of how to solve Sudoku puzzles.

# 4x4 Sudoku puzzles

Puzzle #1

|   | 4 | 2 |   |
|---|---|---|---|
| 1 |   |   | 3 |
|   |   |   |   |
| 2 | 3 | 1 | 4 |

Puzzle #2

| 3 | 4 | 2 | 1 |
|---|---|---|---|
|   |   |   |   |
| 2 | 1 | 3 | 4 |
|   |   |   |   |

Puzzle #3

| 3 | 4 | 1 | 2 |
|---|---|---|---|
| 1 |   |   | 4 |
|   |   |   |   |
| 4 |   |   | 1 |

Puzzle #4

| 1 | 3 | 2 |   |
|---|---|---|---|
|   |   | 1 |   |
|   |   | 4 |   |
| 4 | 2 | 3 |   |

Puzzle #5

|   |   | 3 | 1 |
|---|---|---|---|
| 1 |   |   | 2 |
| 4 |   |   | 3 |
| 3 | 1 |   |   |

Puzzle #6

|   | 1 | 4 |   |
|---|---|---|---|
| 2 |   |   | 3 |
| 4 | 2 | 3 | 1 |
|   |   |   |   |

Puzzle #7

| 2 |   | 4 | 1 |
|---|---|---|---|
|   |   |   | 3 |
| 1 |   |   |   |
| 3 | 4 |   | 2 |

Puzzle #8

| 1 |   |   | 3 |
|---|---|---|---|
| 2 |   | 1 |   |
|   | 1 |   | 2 |
| 3 |   |   | 1 |

Puzzle #9

| 4 |   |   | 3 |
|---|---|---|---|
| 1 |   | 4 |   |
| 3 |   | 2 |   |
| 2 |   |   | 1 |

Puzzle #10

|   |   |   | 2 |
|---|---|---|---|
| 2 | 4 | 1 |   |
|   | 3 | 4 | 2 |
|   | 2 |   |   |

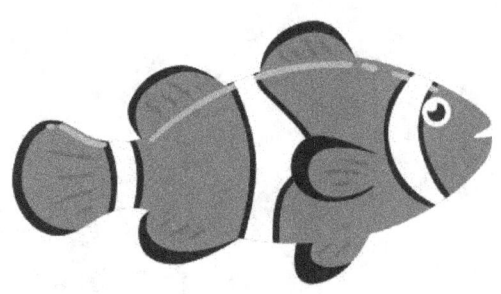

Puzzle #11

| 1 |   | 3 |   |
|---|---|---|---|
| 2 |   |   | 1 |
| 3 |   |   | 4 |
| 4 |   | 2 |   |

Puzzle #12

|   | 4 |   | 3 |
|---|---|---|---|
| 3 | 2 |   |   |
|   |   | 1 | 4 |
| 4 |   | 3 |   |

Page 11

# COLORING PAGE

Puzzle #13

| 1 | 2 | 4 | 3 |
|---|---|---|---|
|   | 4 | 1 |   |
|   |   |   |   |
|   | 1 | 3 |   |

Puzzle #14

|   | 4 | 2 |   |
|---|---|---|---|
| 1 | 2 |   |   |
| 4 | 3 |   |   |
|   | 1 | 3 |   |

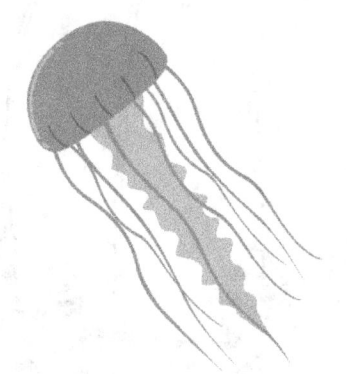

Puzzle #15

| 1 |   |   | 3 |
|---|---|---|---|
| 4 |   | 1 |   |
| 3 |   | 2 |   |
| 2 |   |   | 4 |

Puzzle #16

| 2 | 4 | 3 | 1 |
|---|---|---|---|
|   | 1 | 4 |   |
|   |   |   |   |
|   | 2 | 1 |   |

Puzzle #17

|   | 1 | 4 |   |
|---|---|---|---|
| 3 |   |   | 2 |
| 4 |   |   | 1 |
|   | 2 | 3 |   |

Puzzle #18

|   |   | 3 |   |
|---|---|---|---|
| 3 |   | 4 | 2 |
| 2 | 4 |   | 3 |
|   | 3 |   |   |

Puzzle #19

| 3 |   |   | 1 |
|---|---|---|---|
|   | 4 | 2 |   |
|   |   |   |   |
| 4 | 1 | 3 | 2 |

Puzzle #20

| 3 | 4 | 2 | 1 |
|---|---|---|---|
|   |   |   |   |
|   |   |   |   |
| 2 | 1 | 3 | 4 |

Puzzle #21

|   | 4 |   | 3 |
|---|---|---|---|
| 3 |   |   | 1 |
| 4 |   |   | 2 |
| 2 |   | 1 |   |

Puzzle #22

| 4 |   |   | 2 |
|---|---|---|---|
| 2 | 1 |   |   |
| 3 | 4 |   |   |
| 1 |   |   | 3 |

Puzzle #23

|   | 1 |   |   |
|---|---|---|---|
| 4 | 3 |   | 1 |
| 1 | 2 |   | 4 |
|   | 4 |   |   |

Puzzle #24

|   |   |   | 2 |
|---|---|---|---|
| 2 |   | 1 | 4 |
| 3 |   | 2 | 1 |
|   |   |   | 3 |

# COLORING PAGE

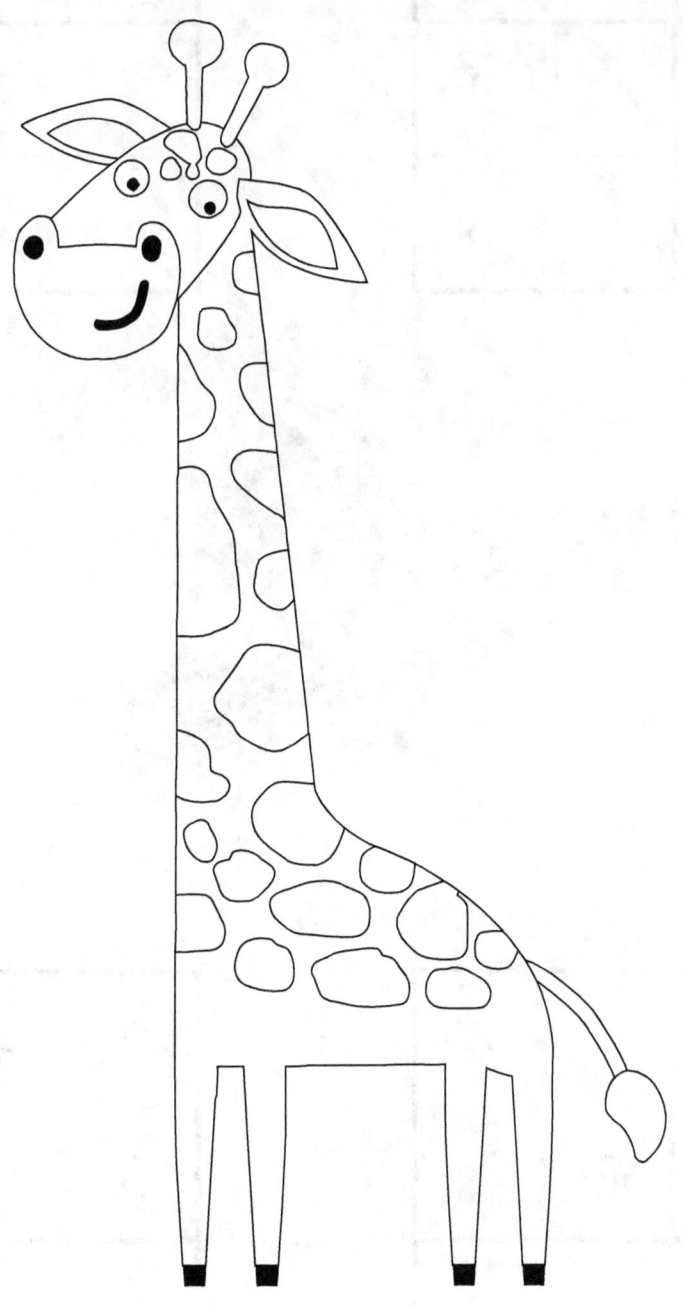

Puzzle #25

| 4 |   |   | 1 |
|---|---|---|---|
|   | 3 |   | 4 |
|   | 1 |   | 2 |
| 2 |   |   | 3 |

Puzzle #26

|   |   | 3 | 4 |
|---|---|---|---|
|   | 4 |   | 1 |
|   | 2 |   | 3 |
|   |   | 1 | 2 |

Puzzle #27

| 3 |   |   | 4 |
|---|---|---|---|
|   | 1 | 2 |   |
| 1 |   |   | 2 |
|   | 3 | 4 |   |

Puzzle #28

| 2 | 4 |   | 3 |
|---|---|---|---|
| 3 |   |   |   |
|   |   |   | 1 |
| 1 |   | 2 | 4 |

Page 17

Puzzle #29

| 4 |   | 3 |   |
|---|---|---|---|
| 3 | 1 |   |   |
| 2 | 4 |   |   |
| 1 |   | 2 |   |

Puzzle #30

| 2 |   |   | 3 |
|---|---|---|---|
|   | 4 | 1 |   |
| 1 | 2 | 3 | 4 |
|   |   |   |   |

Puzzle #31

| 4 |   |   | 3 |
|---|---|---|---|
| 2 |   |   | 1 |
| 1 |   |   | 2 |
|   |   |   |   |

Puzzle #32

|   | 4 | 3 |   |
|---|---|---|---|
| 2 |   |   |   |
|   |   |   | 3 |
|   | 2 | 1 |   |

Page 18

Puzzle #33

| 2 |   | 1 |   |
|---|---|---|---|
| 4 |   | 2 |   |
| 1 |   | 3 |   |
| 3 |   | 4 |   |

Puzzle #34

| 4 |   |   | 2 |
|---|---|---|---|
|   | 2 |   | 1 |
|   | 3 |   | 4 |
| 1 |   |   | 3 |

Puzzle #35

|   | 4 | 1 |   |
|---|---|---|---|
| 3 |   |   | 4 |
|   | 2 | 3 |   |
|   |   |   |   |

Puzzle #36

| 2 |   | 1 |   |
|---|---|---|---|
| 1 |   |   | 2 |
| 3 |   |   | 4 |
| 4 |   | 3 |   |

# COLORING PAGE

Puzzle #37

|   |   | 4 |   |
|---|---|---|---|
| 4 |   |   | 1 |
| 3 |   |   | 4 |
|   |   | 3 |   |

Puzzle #38

|   |   |   | 2 |
|---|---|---|---|
|   | 1 | 3 |   |
|   | 4 | 2 |   |
|   |   |   | 3 |

Puzzle #39

| 4 |   |   | 2 |
|---|---|---|---|
|   |   | 4 |   |
|   |   | 1 |   |
| 1 |   |   | 4 |

Puzzle #40

|   |   |   |   |
|---|---|---|---|
|   | 3 | 2 |   |
|   | 1 | 3 |   |
| 3 |   |   | 1 |

Puzzle #41

| 2 |   | 4 |   |
|   | 1 |   |   |
|   | 2 |   |   |
| 1 |   | 3 |   |

Puzzle #42

| 3 | 1 |   |   |
|   |   |   | 3 |
|   | 3 |   |   |
|   |   | 4 | 3 |

Puzzle #43

|   | 4 |   |   |
| 2 |   |   | 1 |
| 4 |   |   | 3 |
|   | 2 |   |   |

Puzzle #44

|   | 4 | 3 |   |
| 1 |   |   | 2 |
| 4 |   |   | 3 |
|   | 1 | 2 |   |

Page 22

Puzzle #45

| 1 |   |   |   |
|---|---|---|---|
|   | 2 | 3 |   |
|   | 1 | 4 |   |
| 2 |   |   |   |

Puzzle #46

|   |   |   |   |
|---|---|---|---|
| 2 |   |   | 4 |
| 3 |   |   | 2 |
|   |   | 2 | 4 |

Puzzle #47

|   |   |   |   |
|---|---|---|---|
| 2 | 4 | 3 | 1 |
|   | 2 | 1 |   |
| 4 |   |   | 3 |

Puzzle #48

| 2 | 4 |   |   |
|---|---|---|---|
| 1 |   |   |   |
|   |   |   | 2 |
|   |   | 3 | 1 |

Page 23

# COLORING PAGE

Puzzle #49

|   |   | 3 |   |
|---|---|---|---|
|   |   | 1 | 4 |
| 2 | 1 |   |   |
|   | 3 |   |   |

Puzzle #50

|   | 3 | 2 |   |
|---|---|---|---|
|   |   |   | 3 |
|   |   |   | 2 |
|   | 2 | 1 |   |

Puzzle #51

| 2 |   | 3 |   |
|---|---|---|---|
|   | 1 |   | 4 |
|   | 3 |   | 2 |
| 4 |   | 1 |   |

Puzzle #52

|   |   | 4 |   |
|---|---|---|---|
| 3 |   |   | 1 |
| 2 |   |   | 4 |
|   | 3 |   |   |

Page 25

Puzzle #53

| 2 |   | 4 | 1 |
|---|---|---|---|
|   |   |   |   |
|   |   |   |   |
| 3 | 4 |   | 2 |

Puzzle #54

| 4 |   |   | 3 |
|---|---|---|---|
|   |   | 2 |   |
|   |   | 3 |   |
| 1 |   |   | 2 |

Puzzle #55

| 4 |   | 3 |   |
|---|---|---|---|
|   | 1 | 4 |   |
|   | 3 | 2 |   |
| 2 |   | 1 |   |

Puzzle #56

|   |   |   |   |
|---|---|---|---|
| 4 |   | 2 | 3 |
| 3 |   | 1 | 4 |
|   |   |   |   |

Page 26

Puzzle #57

| 3 |   |   | 4 |
|---|---|---|---|
|   | 4 | 3 |   |
|   |   |   |   |
| 1 |   |   | 3 |

Puzzle #58

|   |   |   |   |
|---|---|---|---|
| 4 | 2 |   | 3 |
| 1 | 3 |   | 2 |
|   |   |   |   |

Puzzle #59

| 4 | 2 |   | 1 |
|---|---|---|---|
|   |   |   |   |
|   |   |   |   |
| 3 | 1 |   | 2 |

Puzzle #60

| 4 |   | 1 | 3 |
|---|---|---|---|
|   |   |   |   |
|   |   |   |   |
| 3 |   | 2 | 4 |

# COLORING PAGE

Puzzle #61

|   |   | 2 | 4 |
|---|---|---|---|
| 2 |   |   |   |
| 1 |   |   |   |
|   |   | 1 | 3 |

Puzzle #62

|   |   | 3 | 1 |
|---|---|---|---|
| 3 |   |   |   |
| 2 |   |   |   |
|   |   | 2 | 4 |

Puzzle #63

|   |   | 4 | 2 |
|---|---|---|---|
|   |   | 3 |   |
|   | 3 |   |   |
| 2 | 4 |   |   |

Puzzle #64

|   | 3 | 2 |   |
|---|---|---|---|
| 4 |   |   | 1 |
| 3 |   |   | 2 |
|   | 4 | 1 |   |

Page 29

Puzzle #65

|   | 2 | 1 |   |
|---|---|---|---|
|   | 4 |   | 2 |
|   | 1 |   | 3 |
|   | 3 | 4 |   |

Puzzle #66

| 4 |   |   | 3 |
|---|---|---|---|
|   |   | 4 |   |
|   | 1 |   |   |
| 2 |   |   | 1 |

Puzzle #67

|   | 1 |   |   |
|---|---|---|---|
|   | 3 | 4 |   |
|   | 4 | 2 |   |
|   |   | 1 |   |

Puzzle #68

|   | 2 | 1 |   |
|---|---|---|---|
|   | 3 | 4 |   |
|   | 1 | 2 |   |
|   | 4 | 3 |   |

Page 30

Puzzle #69

|   | 4 | 3 |   |
|---|---|---|---|
| 2 |   |   | 1 |
|   |   |   |   |
| 3 | 2 | 1 | 4 |

Puzzle #70

|   |   | 2 | 3 |
|---|---|---|---|
| 3 |   |   |   |
| 1 |   |   |   |
|   | 3 | 1 |   |

Puzzle #71

|   |   |   |   |
|---|---|---|---|
| 4 | 1 |   | 3 |
| 3 | 2 |   | 4 |
|   |   |   |   |

Puzzle #72

| 2 |   |   |   |
|---|---|---|---|
|   | 1 | 2 |   |
|   | 2 | 4 |   |
| 4 |   |   |   |

# COLORING PAGE

Puzzle #73

|   |   |   |   |
|---|---|---|---|
| 1 |   |   | 3 |
|   | 3 |   |   |
|   | 2 |   |   |
| 3 |   |   | 2 |

Puzzle #74

|   |   |   |   |
|---|---|---|---|
| 4 | 2 | 1 |   |
|   |   |   |   |
|   |   |   |   |
| 2 | 1 | 3 |   |

Puzzle #75

|   |   |   |   |
|---|---|---|---|
|   | 3 |   | 4 |
| 2 |   |   | 3 |
| 4 |   |   | 1 |
|   | 1 |   | 2 |

Puzzle #76

|   |   |   |   |
|---|---|---|---|
| 2 |   |   | 4 |
|   | 1 | 3 |   |
|   | 2 | 4 |   |
| 1 |   |   | 3 |

Puzzle #77

| 3 |   |   | 2 |
|---|---|---|---|
|   |   |   | 3 |
| 1 |   |   |   |
| 2 |   |   | 1 |

Puzzle #78

| 1 |   | 4 |   |
|---|---|---|---|
| 4 |   |   | 1 |
| 2 |   |   | 3 |
| 3 |   | 2 |   |

Puzzle #79

|   | 4 |   | 2 |
|---|---|---|---|
| 2 |   |   |   |
|   |   |   | 1 |
| 4 |   | 2 |   |

Puzzle #80

| 3 |   | 4 |   |
|---|---|---|---|
|   |   |   | 2 |
| 1 |   |   |   |
|   | 3 |   | 4 |

# 6x6 Sudoku puzzles

Puzzle #81

|   |   | 3 | 1 |   | 4 |
|---|---|---|---|---|---|
|   | 4 |   | 6 |   | 2 |
|   | 5 | 4 | 2 |   |   |
| 2 |   | 1 | 3 |   | 5 |
| 4 | 3 |   |   |   | 1 |
|   |   | 6 |   | 2 |   |

Puzzle #82

|   | 1 | 2 | 6 |   |   |
|---|---|---|---|---|---|
|   | 4 | 5 |   |   | 1 |
| 1 |   |   | 5 | 6 |   |
| 5 |   |   |   | 3 |   |
|   |   |   | 2 | 5 | 3 |
| 2 | 5 |   |   |   |   |

Page 36

Puzzle #83

| 6 | 2 | 3 |   |   |   |
|---|---|---|---|---|---|
|   | 5 | 1 |   |   | 3 |
| 1 |   | 2 |   |   | 5 |
|   |   |   | 1 | 4 |   |
|   | 1 |   | 5 | 3 |   |
| 5 |   |   |   |   |   |

Puzzle #84

|   | 5 |   | 4 |   |   |
|---|---|---|---|---|---|
|   |   | 3 |   | 1 | 5 |
|   | 3 | 2 | 5 |   |   |
| 5 |   |   | 1 |   | 2 |
| 3 |   | 6 |   |   | 4 |
| 2 | 4 |   | 3 |   | 1 |

Page 37

Puzzle #85

| 2 | 6 |   |   | 3 | 1 |
|---|---|---|---|---|---|
|   |   | 1 |   | 6 | 5 |
| 5 |   | 3 | 1 | 4 |   |
|   |   |   |   | 2 |   |
|   | 1 |   |   | 5 | 4 |
|   | 5 |   | 6 | 1 |   |

Puzzle #86

|   |   | 5 |   |   |   |
|---|---|---|---|---|---|
| 2 | 4 |   |   |   |   |
| 5 |   | 3 |   |   |   |
|   |   | 4 |   | 2 |   |
|   |   |   |   | 5 |   |
|   |   | 2 | 3 |   |   |

Page 38

Puzzle #87

| 2 | 5 |   | 3 |   | 4 |
|---|---|---|---|---|---|
| 3 |   | 4 | 2 |   | 6 |
|   |   | 5 |   |   | 1 |
| 6 | 3 |   | 4 |   | 5 |
| 1 | 6 |   |   | 4 |   |
|   | 4 | 3 |   | 6 | 2 |

Puzzle #88

|   |   | 6 |   |   |   |
|---|---|---|---|---|---|
|   |   |   | 1 |   |   |
| 6 | 2 | 5 |   |   |   |
| 4 |   | 3 | 6 | 5 |   |
|   | 6 |   |   | 4 |   |
|   |   |   |   |   | 6 |

# COLORING PAGE

Puzzle #89

| 3 |   | 5 |   |   |   |
|---|---|---|---|---|---|
|   | 1 |   |   |   | 5 |
|   | 5 | 6 |   | 3 |   |
|   | 3 |   | 1 |   |   |
| 5 | 6 | 3 |   |   |   |
| 2 |   |   | 5 | 6 |   |

Puzzle #90

| 1 |   |   | 4 |   |   |
|---|---|---|---|---|---|
| 4 |   |   |   |   | 2 |
| 3 |   |   |   | 1 |   |
| 5 |   | 1 | 3 |   |   |
| 2 | 1 |   |   |   | 5 |
| 6 | 3 | 5 |   | 4 | 1 |

Page 41

Puzzle #91

| 1 | 6 | 5 |   | 3 | 2 |
|---|---|---|---|---|---|
| 2 | 4 | 3 |   | 5 | 6 |
|   |   |   |   | 1 | 4 |
|   | 2 | 1 | 3 |   |   |
| 6 | 3 |   | 5 | 2 |   |
| 5 | 1 | 2 | 6 |   | 3 |

Puzzle #92

|   |   |   |   |   | 3 |
|---|---|---|---|---|---|
|   |   |   | 2 | 6 | 4 |
|   |   | 2 |   |   | 6 |
| 3 |   | 1 |   | 2 |   |
| 5 | 2 | 4 | 6 | 3 |   |
|   | 1 | 3 | 5 | 4 |   |

Puzzle #93

|   | 6 |   |   |   | 4 |
|---|---|---|---|---|---|
| 4 | 1 |   |   |   |   |
| 5 | 2 | 1 | 6 | 4 |   |
| 6 | 3 | 4 | 5 |   | 2 |
| 2 |   | 3 | 4 |   | 1 |
| 1 | 4 | 6 |   |   |   |

Puzzle #94

|   |   | 6 | 1 |   |   |
|---|---|---|---|---|---|
|   |   |   | 2 |   | 6 |
| 3 |   | 5 | 6 |   | 4 |
| 6 |   | 4 |   |   | 5 |
| 4 | 6 |   | 5 |   | 1 |
| 5 |   |   | 4 |   | 2 |

Page 43

# COLORING PAGE

Puzzle #95

| 6 |   | 3 | 1 | 4 |   |
|---|---|---|---|---|---|
| 1 | 4 |   | 6 | 5 | 3 |
|   | 6 |   |   | 1 | 4 |
|   |   | 4 |   |   | 5 |
| 4 | 3 | 6 | 5 | 2 |   |
|   |   |   | 4 |   |   |

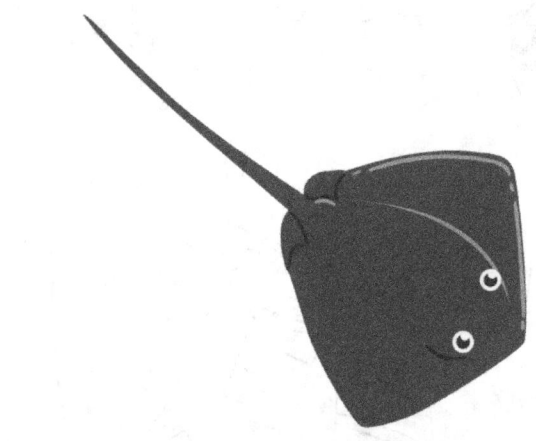

Puzzle #96

| 1 | 5 | 3 |   |   | 2 |
|---|---|---|---|---|---|
|   |   | 6 | 1 |   | 3 |
| 6 | 3 |   | 2 | 4 | 1 |
| 2 | 4 | 1 |   |   | 5 |
|   |   | 4 |   |   | 6 |
| 5 | 6 | 2 | 3 | 1 |   |

Puzzle #97

|   | 5 | 4 |   | 2 | 1 |
|   |   | 1 | 2 |   |   |   |
| 4 | 2 |   | 5 |   | 6 |
| 5 | 6 | 3 | 4 | 1 |   |
|   |   | 6 |   | 4 | 5 |
|   |   |   | 1 | 6 |   |

Puzzle #98

|   | 2 |   |   | 5 |   |
|   |   |   | 6 |   |   |
|   | 1 |   | 2 | 6 |   |
| 2 |   | 4 |   | 1 |   |
|   |   | 6 | 5 | 3 |   |
| 5 | 3 |   |   | 4 | 6 |

Page 46

Puzzle #99

| 2 | 5 | 4 | 3 | 1 |   |
|---|---|---|---|---|---|
| 3 | 1 | 6 | 2 |   |   |
|   |   | 1 |   | 6 |   |
| 6 |   | 3 | 5 |   | 1 |
| 1 |   |   | 6 |   | 5 |
|   | 6 | 5 | 1 |   | 2 |

Puzzle #100

|   |   | 1 | 3 |   | 5 |
|---|---|---|---|---|---|
|   |   | 5 |   | 1 | 4 |
| 5 |   | 6 |   |   | 3 |
| 2 | 3 | 4 |   |   | 1 |
|   | 6 | 3 | 1 |   |   |
| 1 | 5 | 2 |   | 3 | 6 |

Page 47

# COLORING PAGE

Puzzle #101

|   | 1 | 3 | 2 | 6 | 4 |
|---|---|---|---|---|---|
| 2 | 6 |   | 5 | 1 | 3 |
|   | 3 |   | 4 | 2 |   |
| 4 | 2 |   | 6 | 3 |   |
| 3 |   | 6 |   | 4 |   |
|   | 4 |   | 3 |   | 6 |

Puzzle #102

|   |   |   | 4 | 5 | 1 |
|---|---|---|---|---|---|
| 4 |   | 5 | 3 |   | 6 |
| 1 | 2 |   |   | 3 | 4 |
| 5 |   |   |   | 6 |   |
| 2 | 3 |   |   | 1 |   |
|   |   |   | 2 | 4 | 3 |

Page 49

Puzzle #103

| 5 | 6 | 3 |   | 1 |   |
|---|---|---|---|---|---|
| 4 | 1 |   |   |   |   |
|   |   | 5 |   | 4 | 6 |
|   |   | 6 |   | 3 |   |
| 3 |   |   |   | 2 |   |
|   | 2 | 4 |   |   | 1 |

Puzzle #104

|   |   |   |   |   | 3 |
|---|---|---|---|---|---|
| 4 |   |   | 6 | 1 |   |
|   | 5 |   | 2 |   |   |
| 2 | 6 |   |   | 5 |   |
| 5 | 4 | 6 |   | 3 |   |
|   |   |   | 5 | 6 |   |

Page 50

Puzzle #105

|   |   | 3 |   |   |   |
|---|---|---|---|---|---|
| 4 |   |   |   | 5 |   |
|   |   |   | 3 |   |   |
|   |   |   |   |   |   |
| 1 | 3 |   | 5 |   |   |
| 5 |   | 2 |   | 3 |   |

Puzzle #106

| 5 |   |   | 6 |   | 4 |
|---|---|---|---|---|---|
|   | 4 | 1 | 5 |   |   |
| 4 |   |   | 1 |   | 5 |
| 1 |   | 6 | 4 |   | 3 |
| 2 | 6 |   |   | 4 | 1 |
| 3 | 1 |   | 2 | 5 | 6 |

# COLORING PAGE

Puzzle #107

|   |   |   |   |   |   |
|---|---|---|---|---|---|
| 4 |   | 6 |   |   | 3 |
|   |   | 3 | 4 | 2 | 6 |
| 3 | 5 |   |   |   |   |
|   | 4 |   | 3 | 5 | 2 |
|   |   |   |   |   | 4 |
| 2 | 6 | 4 |   |   | 5 |

Puzzle #108

|   |   |   |   |   |   |
|---|---|---|---|---|---|
| 3 |   |   | 5 | 6 |   |
|   |   | 6 |   | 1 |   |
| 6 | 3 |   | 1 |   | 5 |
|   |   | 5 |   |   | 3 |
|   | 6 | 3 |   |   | 1 |
| 2 | 5 | 1 | 4 | 3 | 6 |

Puzzle #109

| 1 | 6 |   | 3 | 4 | 2 |
|---|---|---|---|---|---|
|   | 3 | 4 |   |   |   |
| 4 |   | 6 |   |   |   |
| 3 |   | 1 | 4 | 6 |   |
|   |   |   |   | 2 |   |
| 5 | 4 | 2 |   | 1 | 3 |

Puzzle #110

| 3 | 5 |   |   |   |   |
|---|---|---|---|---|---|
| 1 |   | 2 | 3 | 5 | 4 |
| 4 | 2 | 6 |   | 3 | 1 |
|   | 3 |   |   | 2 |   |
| 6 |   |   |   | 4 | 5 |
| 2 |   |   | 6 | 1 | 3 |

Puzzle #111

|   |   | 6 |   | 1 |   |
|---|---|---|---|---|---|
|   |   |   | 3 | 2 |   |
|   | 5 | 1 |   | 3 |   |
|   |   |   | 6 | 5 | 1 |
| 1 | 6 | 2 | 5 | 4 | 3 |
| 5 |   | 4 | 1 | 6 | 2 |

Puzzle #112

| 6 | 4 |   | 2 |   |   |
|---|---|---|---|---|---|
|   |   |   | 6 | 5 | 4 |
| 3 |   | 6 |   | 2 | 1 |
|   |   |   |   | 6 |   |
|   | 6 |   |   | 3 |   |
| 5 | 3 | 2 |   | 4 |   |

# COLORING PAGE

Puzzle #113

| 3 |   | 2 | 5 |   |   |
|---|---|---|---|---|---|
|   |   | 4 |   |   |   |
| 4 |   | 5 |   |   |   |
|   | 2 | 6 |   |   | 5 |
|   | 4 |   |   |   |   |
| 2 |   |   | 6 | 4 | 1 |

Puzzle #114

| 1 |   | 6 | 4 |   | 5 |
|---|---|---|---|---|---|
| 4 |   |   |   |   | 2 |
|   | 6 | 2 | 3 |   | 1 |
| 3 | 1 | 4 |   |   | 6 |
|   | 3 |   | 2 |   | 4 |
|   |   |   |   |   | 3 |

Page 57

Puzzle #115

|   |   |   |   | 3 |   |
|---|---|---|---|---|---|
|   | 3 |   |   | 6 | 1 |
| 1 |   | 5 | 6 |   |   |
|   |   |   |   |   | 5 |
| 3 | 5 |   | 4 |   |   |
|   | 1 |   | 3 |   |   |

Puzzle #116

|   | 4 | 1 | 3 |   | 2 |
|---|---|---|---|---|---|
| 3 | 2 |   | 5 |   | 4 |
| 2 | 6 |   |   |   |   |
| 1 | 3 | 5 |   |   | 6 |
|   |   |   |   |   | 1 |
|   |   | 2 |   | 5 |   |

Puzzle #117

|   | 6 | 3 |   | 4 |   |
| 1 |   |   |   |   |   |
|   |   | 6 |   | 1 |   |
|   | 1 |   |   | 3 | 6 |
| 6 |   |   | 3 |   | 4 |
|   | 5 |   | 6 | 2 |   |

Puzzle #118

|   | 4 |   | 3 |   | 6 |
|   | 6 | 1 | 2 | 4 | 5 |
| 5 |   | 2 |   |   | 4 |
|   | 3 | 4 | 5 |   |   |
|   | 2 |   |   |   |   |
|   |   | 3 | 4 | 6 | 2 |

Page 59

# COLORING PAGE

Puzzle #119

| 3 |   | 1 |   |   | 6 |
|---|---|---|---|---|---|
|   |   | 6 | 3 |   | 4 |
| 1 |   |   | 6 |   |   |
|   |   | 4 | 1 | 3 | 5 |
|   | 1 |   | 5 |   |   |
|   | 6 | 3 | 4 | 2 |   |

Puzzle #120

|   | 1 |   | 3 | 5 |   |
|---|---|---|---|---|---|
| 4 |   | 5 |   |   |   |
| 5 | 2 |   |   |   |   |
|   |   | 6 | 5 | 1 | 2 |
|   | 5 |   |   | 3 |   |
| 2 | 6 | 3 | 1 | 4 |   |

Puzzle #121

| 5 |   |   | 6 |   |   |
|---|---|---|---|---|---|
| 6 |   |   | 5 | 2 | 1 |
|   |   | 4 | 2 | 5 |   |
| 2 | 5 | 6 | 1 |   | 4 |
|   | 6 |   |   |   | 2 |
| 3 | 1 |   |   | 6 |   |

Puzzle #122

|   | 3 | 2 |   | 6 | 4 |
|---|---|---|---|---|---|
| 5 | 6 |   |   | 3 |   |
| 2 |   | 3 | 6 |   | 5 |
| 6 | 1 | 5 |   |   |   |
| 3 |   | 1 |   | 5 | 6 |
|   |   | 6 |   |   |   |

Page 62

Puzzle #123

| 5 |   |   | 1 | 3 |   |
|---|---|---|---|---|---|
| 1 | 3 |   | 5 |   | 2 |
| 4 | 6 |   | 2 |   | 5 |
| 2 |   |   |   |   | 3 |
| 6 |   |   |   | 5 |   |
| 3 |   |   | 6 |   | 4 |

Puzzle #124

|   |   |   |   |   | 1 |
|---|---|---|---|---|---|
| 4 | 1 | 2 | 6 |   |   |
|   |   | 5 | 1 |   |   |
| 1 | 2 | 4 |   |   |   |
| 5 |   | 1 | 2 |   |   |
|   |   |   | 5 | 1 |   |

Page 63

# COLORING PAGE

Puzzle #125

|   |   | 4 | 3 |   |   |
|---|---|---|---|---|---|
| 3 | 1 | 5 | 6 | 4 | 2 |
| 4 | 5 | 6 | 1 |   |   |
|   | 3 |   |   | 6 | 5 |
|   | 6 |   | 2 | 1 |   |
| 2 | 4 |   |   |   |   |

Puzzle #126

| 1 | 3 |   |   | 6 |   |
|---|---|---|---|---|---|
|   |   |   | 1 |   |   |
| 6 |   | 3 |   | 1 | 5 |
| 2 | 5 |   |   | 3 |   |
|   |   |   |   |   |   |
|   | 1 |   |   |   | 6 |

Page 65

Puzzle #127

|   |   |   | 3 |   | 6 |
|---|---|---|---|---|---|
| 3 |   | 2 |   |   | 5 |
|   | 3 |   | 2 |   |   |
| 2 | 1 |   |   | 3 |   |
| 6 |   |   | 4 |   |   |
|   | 5 |   | 6 | 1 | 2 |

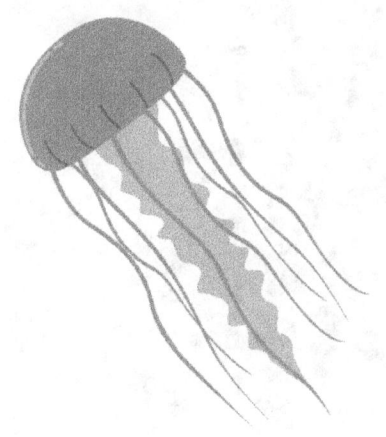

Puzzle #128

|   | 5 |   | 4 |   |   |
|---|---|---|---|---|---|
|   |   |   |   | 6 | 5 |
| 6 |   |   | 5 | 4 | 2 |
|   | 2 | 4 | 6 |   | 3 |
| 3 |   | 2 |   | 5 |   |
|   | 4 | 5 |   | 2 |   |

Puzzle #129

| 2 |   | 4 | 1 | 5 | 3 |
|---|---|---|---|---|---|
| 3 | 1 | 5 | 2 | 4 | 6 |
|   | 4 | 6 |   |   | 1 |
|   | 3 | 2 |   | 6 |   |
| 4 | 5 | 1 | 6 | 3 | 2 |
| 6 |   | 3 | 4 | 1 |   |

Puzzle #130

|   | 4 | 2 |   | 1 | 3 |
|---|---|---|---|---|---|
|   | 1 |   |   |   | 2 |
|   | 3 |   | 4 | 6 |   |
| 4 | 6 |   |   |   | 1 |
| 3 |   | 4 |   |   |   |
| 1 | 5 |   | 3 |   | 4 |

# COLORING PAGE

Puzzle #131

|   |   |   |   |   |   |
|---|---|---|---|---|---|
| 2 | 1 | 5 | 4 | 3 | 6 |
| 4 | 3 |   | 2 |   |   |
| 5 |   | 3 |   |   |   |
|   | 4 |   | 5 |   |   |
| 3 |   |   |   | 6 |   |
| 1 |   |   | 3 | 5 | 4 |

Puzzle #132

|   |   |   |   |   |   |
|---|---|---|---|---|---|
|   |   |   |   |   |   |
| 3 | 6 |   | 5 |   |   |
|   | 1 |   | 4 | 5 |   |
|   | 5 |   | 2 |   | 6 |
| 6 | 4 | 5 | 1 | 3 |   |
| 1 |   |   | 6 | 4 | 5 |

Puzzle #133

|   | 4 |   |   |   | 2 |
|---|---|---|---|---|---|
| 6 |   |   |   |   |   |
|   |   | 4 |   | 6 | 5 |
| 1 | 6 | 5 |   | 3 | 4 |
|   |   | 3 |   |   | 6 |
| 5 | 1 | 6 |   |   | 3 |

Puzzle #134

| 4 | 5 | 3 |   | 1 |   |
|---|---|---|---|---|---|
| 6 | 1 | 2 | 4 |   |   |
|   |   | 6 |   | 4 | 1 |
| 2 |   |   |   | 6 |   |
|   |   |   | 1 |   | 6 |
|   | 6 | 5 |   |   |   |

Page 70

Puzzle #135

|   |   | 3 |   | 5 | 2 |
|---|---|---|---|---|---|
|   | 2 |   |   |   | 3 |
| 3 | 4 |   |   |   |   |
|   | 5 | 2 | 3 | 6 |   |
| 2 |   | 4 | 5 | 3 |   |
|   |   |   |   | 4 | 6 |

Puzzle #136

| 6 |   | 3 |   | 1 | 5 |
|---|---|---|---|---|---|
| 2 | 5 |   |   | 4 | 3 |
|   |   |   |   | 6 |   |
|   | 6 |   | 1 | 5 |   |
| 5 |   | 6 |   | 2 | 1 |
|   | 1 | 2 |   |   |   |

# COLORING PAGE

Puzzle #137

| 3 | 5 |   |   |   | 6 |
|---|---|---|---|---|---|
|   | 1 | 6 | 3 |   | 4 |
| 5 | 6 |   |   |   |   |
|   |   | 3 |   | 6 |   |
|   | 3 | 2 |   | 4 |   |
| 6 | 4 | 5 | 1 | 3 | 2 |

Puzzle #138

| 3 |   | 2 |   | 5 |   |
|---|---|---|---|---|---|
| 4 | 5 | 1 |   |   | 2 |
|   | 3 |   | 2 | 1 | 4 |
|   |   |   | 5 | 3 | 6 |
| 1 | 4 |   | 6 |   |   |
|   | 2 |   |   | 4 | 3 |

Puzzle #139

|   |   | 5 | 1 | 2 |   |
|---|---|---|---|---|---|
|   |   |   | 6 |   |   |
|   | 6 |   | 5 | 1 |   |
|   | 1 | 4 |   | 6 | 2 |
| 2 | 3 | 6 | 4 |   | 1 |
|   |   |   |   | 3 |   |

Puzzle #140

| 6 | 2 | 3 |   | 5 | 1 |
|---|---|---|---|---|---|
|   |   |   |   |   |   |
| 3 | 1 | 6 |   |   | 5 |
|   |   |   |   | 1 |   |
|   |   |   |   | 6 |   |
|   | 6 | 2 | 1 |   |   |

Puzzle #141

|   |   |   |   |   |   |
|---|---|---|---|---|---|
| 2 | 6 | 3 | 4 |   |   |
| 4 | 1 |   | 2 |   | 3 |
| 6 | 4 | 2 |   | 5 |   |
|   | 5 | 1 |   |   |   |
| 5 |   |   | 1 | 2 | 6 |
| 1 | 2 | 6 |   |   |   |

Puzzle #142

|   |   |   |   |   |   |
|---|---|---|---|---|---|
|   | 1 |   |   |   | 2 |
| 3 |   |   | 5 |   | 4 |
| 6 | 3 |   | 4 | 2 | 1 |
|   |   |   | 6 | 3 |   |
| 1 | 4 | 6 | 2 | 5 |   |
|   |   |   |   |   |   |

# COLORING PAGE

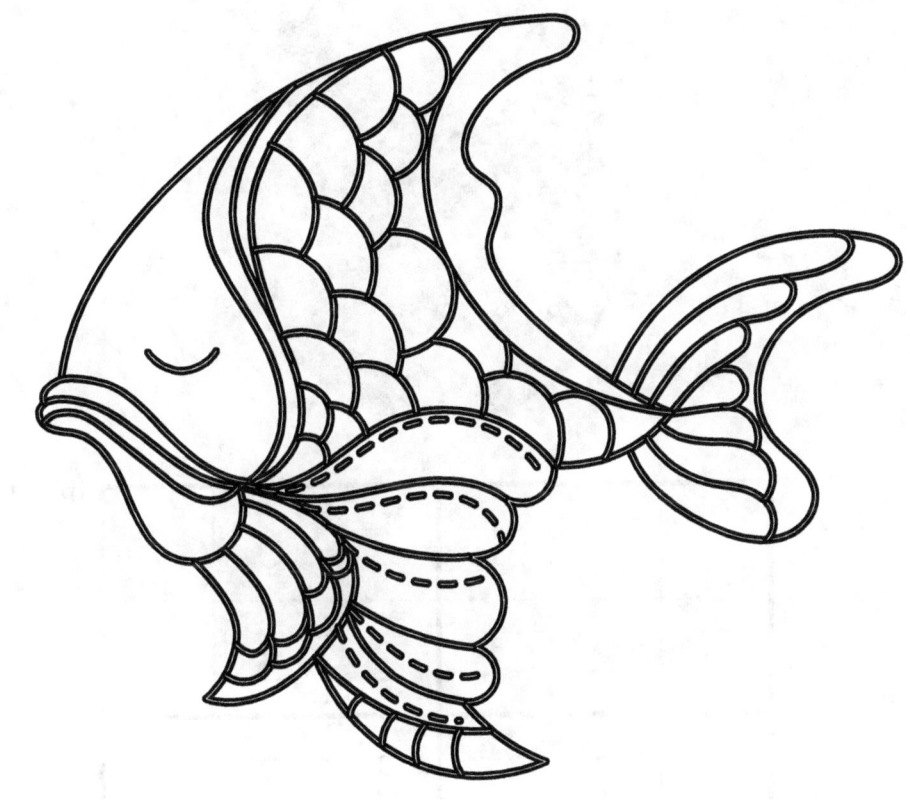

Puzzle #143

|   |   |   | 3 | 6 |   |
|---|---|---|---|---|---|
|   |   | 4 | 5 | 1 |   |
| 4 |   |   | 1 | 3 | 6 |
| 1 |   |   | 4 | 2 |   |
| 2 |   |   | 6 | 5 | 1 |
| 6 |   |   | 2 | 4 | 3 |

Puzzle #144

|   |   | 1 |   | 6 |   |
|---|---|---|---|---|---|
|   |   |   | 2 | 3 |   |
|   | 5 |   | 3 | 2 | 4 |
|   | 4 |   |   | 5 |   |
|   |   | 4 |   | 1 |   |
|   | 1 | 3 |   | 4 | 2 |

Puzzle #145

| 4 |   |   | 5 | 2 |   |
|---|---|---|---|---|---|
| 5 |   | 2 | 4 |   |   |
| 1 | 2 | 3 |   | 4 | 5 |
|   |   |   | 1 | 3 | 2 |
| 2 |   | 6 | 3 |   |   |
| 3 |   | 5 |   | 6 | 1 |

Puzzle #146

| 6 | 1 | 5 |   |   |   |
|---|---|---|---|---|---|
| 3 |   |   |   |   |   |
| 5 |   | 6 |   | 3 | 4 |
| 1 |   | 4 |   | 2 | 6 |
|   |   | 3 | 4 |   | 1 |
|   | 5 |   |   |   | 3 |

Page 78

Puzzle #147

|   | 1 | 6 | 4 |   |   |
|---|---|---|---|---|---|
| 4 | 5 |   | 3 | 6 |   |
| 6 |   | 3 |   |   |   |
| 5 | 2 |   |   |   | 4 |
| 2 |   |   |   | 4 | 3 |
| 1 |   |   |   |   |   |

Puzzle #148

|   |   | 3 |   |   |   |
|---|---|---|---|---|---|
| 6 |   | 1 |   | 3 |   |
|   |   |   | 4 |   |   |
| 4 | 3 | 6 |   | 2 |   |
| 2 | 6 | 4 |   | 5 | 1 |
| 3 |   |   |   | 4 | 6 |

Page 79

# COLORING PAGE

Puzzle #149

| 1 | 2 | 5 |   | 6 | 3 |
|---|---|---|---|---|---|
| 4 | 6 |   |   |   | 5 |
| 3 |   |   |   |   | 2 |
|   |   | 2 |   |   |   |
| 6 |   | 4 | 2 | 3 |   |
|   |   |   | 6 | 5 |   |

Puzzle #150

|   |   | 5 |   |   |   |
|---|---|---|---|---|---|
| 2 |   |   | 1 |   | 4 |
| 3 | 5 | 4 |   | 1 | 2 |
|   |   |   | 3 |   |   |
|   | 1 | 2 |   | 3 | 6 |
|   |   | 6 | 5 | 2 |   |

Puzzle #151

|   | 1 | 2 |   | 6 | 3 |
|---|---|---|---|---|---|
|   |   | 6 |   |   | 2 |
|   |   |   | 3 | 5 |   |
| 5 | 3 | 1 | 6 |   | 4 |
| 1 |   |   | 2 |   | 6 |
|   |   | 3 | 1 |   |   |

Puzzle #152

|   |   |   | 1 | 6 |   |
|---|---|---|---|---|---|
| 1 | 4 | 6 | 5 |   |   |
|   | 1 | 3 |   |   | 6 |
| 2 | 6 | 5 |   |   |   |
| 6 | 5 | 4 |   |   | 1 |
| 3 |   |   |   | 6 | 5 |

# 9x9 Sudoku puzzles

Color me !

## Puzzle #153

|   | 9 |   |   |   | 2 |   |   |   |
|---|---|---|---|---|---|---|---|---|
|   | 7 |   |   | 8 |   |   |   |   |
| 5 |   | 2 |   | 3 | 6 |   |   | 8 |
| 7 |   |   |   |   |   |   |   | 1 |
| 1 |   | 3 |   |   |   | 7 |   | 2 |
| 6 |   |   |   |   |   |   |   | 5 |
| 8 |   |   | 2 | 5 |   | 3 |   | 6 |
|   |   |   |   | 7 |   |   | 1 |   |
|   |   |   | 6 |   |   |   | 2 |   |

## Puzzle #154

| 3 |   |   |   | 4 |   | 7 | 8 |   |
|---|---|---|---|---|---|---|---|---|
| 8 |   |   |   |   |   | 4 |   |   |
|   |   |   | 1 |   | 9 |   |   |   |
|   |   | 8 | 2 |   |   |   |   |   |
|   | 6 | 7 |   |   |   | 1 | 4 |   |
|   |   |   |   |   | 1 | 2 |   |   |
|   |   |   | 7 |   | 8 |   |   |   |
|   |   | 6 |   |   |   |   |   | 3 |
|   | 1 | 9 |   | 3 |   |   |   | 6 |

Puzzle #155

| 5 |   |   |   |   |   | 6 | 2 |   |
|---|---|---|---|---|---|---|---|---|
|   |   |   | 8 |   | 7 | 4 |   |   |
|   |   |   |   | 6 |   |   | 1 |   |
| 6 |   |   |   |   | 9 | 2 |   |   |
| 9 | 2 |   |   |   |   |   | 5 | 6 |
|   |   | 4 | 6 |   |   |   |   | 8 |
|   | 9 |   |   | 2 |   |   |   |   |
|   |   | 1 | 7 |   | 4 |   |   |   |
|   | 7 | 6 |   |   |   |   |   | 4 |

Puzzle #156

|   |   | 8 |   | 2 | 7 |   |   |   |
|---|---|---|---|---|---|---|---|---|
|   |   | 2 | 8 |   |   |   |   | 6 |
|   |   | 7 |   |   | 1 |   |   |   |
|   | 7 | 6 |   |   | 4 | 8 | 5 |   |
|   |   |   |   |   |   |   |   |   |
|   | 8 | 9 | 6 |   |   | 3 | 4 |   |
|   |   |   | 9 |   |   | 4 |   |   |
| 2 |   |   |   |   | 8 | 7 |   |   |
|   |   |   | 7 | 1 |   | 6 |   |   |

Page 85

Puzzle #157

|   |   |   |   |   |   |   | 6 |   |
|---|---|---|---|---|---|---|---|---|
| 2 |   |   |   |   |   |   | 6 |   |
|   |   | 4 |   |   |   |   |   | 9 |
|   |   |   |   | 4 | 2 |   |   | 7 |
|   | 5 | 7 |   | 8 |   |   |   | 6 |
|   |   | 9 |   | 6 |   | 1 |   |   |
| 6 |   |   |   | 2 |   | 7 | 8 |   |
| 4 |   |   | 7 | 9 |   |   |   |   |
| 1 |   |   |   |   |   | 8 |   |   |
|   | 6 |   |   |   |   |   |   | 3 |

Puzzle #158

|   |   | 2 |   | 7 |   |   | 4 |   |
|---|---|---|---|---|---|---|---|---|
|   |   | 5 | 2 |   |   | 8 |   |   |
|   | 1 |   | 3 |   |   | 5 |   |   |
| 7 |   |   |   | 1 |   |   |   |   |
|   | 8 |   | 5 |   | 2 |   | 3 |   |
|   |   |   |   | 6 |   |   |   | 8 |
|   |   | 4 |   |   | 7 |   | 2 |   |
|   |   | 6 |   |   | 4 | 1 |   |   |
|   | 9 |   |   | 2 |   | 4 |   |   |

Page 86

Puzzle #159

|   | 4 |   |   | 6 |   |   |   |   |
|---|---|---|---|---|---|---|---|---|
|   | 8 |   |   |   | 9 | 3 | 4 | 5 |
|   |   |   | 2 |   |   | 6 |   |   |
| 8 |   |   |   |   |   |   | 6 |   |
| 4 |   | 9 |   |   |   | 1 |   | 2 |
|   | 7 |   |   |   |   |   |   | 4 |
|   |   | 1 |   | 2 |   |   |   |   |
| 5 | 2 | 4 | 1 |   |   |   | 7 |   |
|   |   |   |   | 4 |   |   | 3 |   |

Puzzle #160

| 9 |   |   |   | 7 |   | 1 |   |   |
|---|---|---|---|---|---|---|---|---|
|   | 3 |   | 4 |   |   |   | 7 |   |
| 4 |   | 5 |   |   |   |   | 9 |   |
|   |   |   |   |   | 7 |   |   | 9 |
| 3 |   |   | 8 |   | 2 |   |   | 5 |
| 2 |   |   | 6 |   |   |   |   |   |
|   | 5 |   |   |   |   | 9 |   | 2 |
|   | 9 |   |   |   | 4 |   | 5 |   |
|   |   | 8 |   | 3 |   |   |   | 7 |

# COLORING PAGE

Puzzle #161

|   |   |   |   |   |   |   |   |   |
|---|---|---|---|---|---|---|---|---|
| 5 | 8 |   |   |   | 3 |   | 9 |   |
|   |   |   | 9 |   | 7 |   | 4 |   |
|   | 2 | 4 | 6 |   |   |   |   |   |
|   |   | 6 |   | 7 |   | 8 |   |   |
|   |   |   |   |   |   |   |   |   |
|   |   | 5 |   | 2 |   | 1 |   |   |
|   |   |   |   |   | 5 | 3 | 7 |   |
|   | 5 |   | 3 |   | 2 |   |   |   |
|   | 9 |   | 7 |   |   |   | 2 | 8 |

Puzzle #162

|   |   |   |   |   |   |   |   |   |
|---|---|---|---|---|---|---|---|---|
|   | 5 |   |   |   | 2 |   |   |   |
|   |   | 9 | 4 | 8 | 5 |   |   |   |
|   | 4 |   |   |   |   |   | 1 |   |
| 7 |   | 3 |   |   |   |   |   | 6 |
|   | 1 |   | 2 |   | 8 |   | 7 |   |
| 4 |   |   |   |   |   | 3 |   | 1 |
|   | 6 |   |   |   |   |   | 4 |   |
|   |   |   | 3 | 9 | 4 | 1 |   |   |
|   |   |   | 8 |   |   |   | 3 |   |

Puzzle #163

|   |   |   |   |   |   |   |   |   |
|---|---|---|---|---|---|---|---|---|
| 2 | 3 |   |   |   |   |   |   |   |
|   | 9 |   |   |   |   |   |   | 7 |
|   |   |   | 1 | 2 | 5 | 6 |   | 3 |
|   |   |   |   |   | 3 | 5 |   |   |
|   | 2 |   | 4 |   | 8 |   | 3 |   |
|   |   | 8 | 9 |   |   |   |   |   |
| 4 |   | 5 | 2 | 8 | 9 |   |   |   |
| 8 |   |   |   |   |   |   | 6 |   |
|   |   |   |   |   |   |   | 4 | 5 |

Puzzle #164

|   |   |   |   |   |   |   |   |   |
|---|---|---|---|---|---|---|---|---|
|   |   |   | 4 |   | 8 |   |   |   |
|   |   |   |   |   |   | 2 | 1 | 6 |
| 6 |   |   |   |   | 1 |   |   | 4 |
|   |   |   | 2 |   |   |   | 3 |   |
| 7 |   | 2 |   | 9 |   | 8 |   | 1 |
|   | 1 |   |   |   | 3 |   |   |   |
| 1 |   |   | 3 |   |   |   |   | 2 |
| 4 | 9 | 6 |   |   |   |   |   |   |
|   |   |   | 9 |   | 5 |   |   |   |

Puzzle #165

|   |   |   |   | 7 |   | 4 |   |   |
|---|---|---|---|---|---|---|---|---|
|   |   |   | 6 |   |   |   |   | 5 |
|   |   | 9 |   |   |   | 3 |   | 1 |
| 1 |   |   |   |   | 6 |   | 2 | 3 |
|   |   | 2 | 8 |   | 9 | 5 |   |   |
| 7 | 8 |   | 3 |   |   |   |   | 9 |
| 2 |   | 8 |   |   |   | 1 |   |   |
| 5 |   |   |   | 8 |   |   |   |   |
|   |   | 7 |   | 1 |   |   |   |   |

Puzzle #166

|   |   |   |   |   |   | 1 |   |   |
|---|---|---|---|---|---|---|---|---|
| 5 |   | 8 |   | 1 |   |   |   | 2 |
|   |   |   | 3 |   | 8 |   |   |   |
| 3 |   |   |   |   | 9 | 8 | 5 |   |
|   | 6 | 5 |   |   |   | 9 | 7 |   |
|   | 9 | 4 | 8 |   |   |   |   | 3 |
|   |   |   | 1 |   | 4 |   |   |   |
| 7 |   |   |   | 5 |   | 6 |   | 8 |
|   |   | 9 |   |   |   |   |   |   |

# COLORING PAGE

Puzzle #167

|   | 6 |   |   |   | 5 |   |   |   |
|---|---|---|---|---|---|---|---|---|
|   |   | 2 |   | 3 | 1 | 4 |   | 7 |
|   |   |   | 9 |   |   |   |   |   |
|   |   |   | 1 |   |   |   | 5 | 9 |
| 8 | 5 |   |   |   |   |   | 7 | 1 |
| 9 | 7 |   |   |   | 8 |   |   |   |
|   |   |   |   |   | 4 |   |   |   |
| 6 |   | 4 | 2 | 8 |   | 9 |   |   |
|   |   |   | 6 |   |   |   | 1 |   |

Puzzle #168

| 8 |   |   |   | 4 |   |   | 2 | 3 |
|---|---|---|---|---|---|---|---|---|
|   |   |   |   |   | 5 | 1 |   | 6 |
|   | 6 |   |   |   |   |   |   |   |
|   |   |   | 4 |   | 6 | 3 | 7 |   |
|   |   | 2 |   |   |   | 6 |   |   |
|   | 3 | 8 | 1 |   | 7 |   |   |   |
|   |   |   |   |   |   |   | 5 |   |
| 3 |   | 7 | 2 |   |   |   |   |   |
| 9 | 5 |   |   | 1 |   |   |   | 7 |

Puzzle #169

|   |   |   |   |   |   |   |   |   |
|---|---|---|---|---|---|---|---|---|
| 4 | 7 |   |   | 1 |   | 8 |   |   |
|   | 1 |   |   |   | 5 |   |   | 4 |
|   | 5 |   | 3 |   | 7 |   |   |   |
|   |   |   |   |   | 9 |   | 3 | 7 |
|   |   |   |   |   |   |   |   |   |
| 1 | 9 |   | 6 |   |   |   |   |   |
|   |   |   | 1 |   | 4 |   | 2 |   |
| 6 |   |   | 5 |   |   |   | 4 |   |
|   |   | 1 |   | 6 |   |   | 5 | 3 |

Puzzle #170

|   |   |   |   |   |   |   |   |   |
|---|---|---|---|---|---|---|---|---|
| 6 | 8 |   |   |   | 2 | 5 | 7 |   |
|   | 2 |   |   | 5 |   |   |   |   |
|   |   |   |   |   | 6 |   |   |   |
| 5 |   |   | 6 |   |   | 8 |   |   |
| 8 |   | 7 |   |   |   | 9 |   | 3 |
|   |   | 9 |   |   | 1 |   |   | 6 |
|   |   |   | 4 |   |   |   |   |   |
|   |   |   |   |   | 3 |   | 2 |   |
|   | 7 | 4 | 2 |   |   |   | 6 | 8 |

Puzzle #171

| 3 |   |   |   |   |   |   | 7 |   |
|---|---|---|---|---|---|---|---|---|
|   |   |   |   |   |   | 5 |   | 6 |
| 2 |   | 6 | 8 |   |   | 3 |   |   |
|   |   |   |   |   | 8 |   | 9 |   |
| 7 |   |   | 6 | 2 | 3 |   |   | 1 |
|   | 6 |   | 5 |   |   |   |   |   |
|   |   | 1 |   |   | 4 | 8 |   | 9 |
| 4 |   | 7 |   |   |   |   |   |   |
|   | 8 |   |   |   |   |   |   | 5 |

Puzzle #172

|   |   |   |   |   | 4 |   |   | 1 |
|---|---|---|---|---|---|---|---|---|
|   | 5 | 9 | 8 |   |   |   |   |   |
|   |   |   | 5 |   | 9 |   |   | 7 |
|   | 9 | 6 |   |   |   |   | 7 |   |
| 1 |   |   | 6 |   | 7 |   |   | 3 |
|   | 8 |   |   |   |   | 5 | 6 |   |
| 7 |   |   | 1 |   | 2 |   |   |   |
|   |   |   |   |   | 5 | 2 | 3 |   |
| 5 |   |   | 3 |   |   |   |   |   |

# COLORING PAGE

Puzzle #173

|   |   |   |   | 1 | 9 |   |   |   |
|---|---|---|---|---|---|---|---|---|
| 4 |   |   |   |   |   |   | 7 | 1 |
| 1 |   |   |   |   |   |   | 6 | 2 |
|   |   | 1 | 7 |   | 6 | 3 |   |   |
|   |   | 3 |   |   |   | 4 |   |   |
|   |   | 8 | 5 |   | 2 | 6 |   |   |
| 3 | 7 |   |   |   |   |   |   | 8 |
|   | 8 | 9 |   |   |   |   |   | 4 |
|   |   |   | 3 | 9 |   |   |   |   |

Puzzle #174

|   |   |   |   |   |   | 3 |   |   |
|---|---|---|---|---|---|---|---|---|
| 1 |   |   | 7 |   |   |   |   | 2 |
| 3 | 4 | 2 | 8 |   |   |   |   |   |
|   | 1 |   |   |   | 4 | 9 |   | 5 |
|   |   |   | 3 |   | 9 |   |   |   |
| 6 |   | 8 | 5 |   |   |   | 1 |   |
|   |   |   |   |   | 8 | 2 | 4 | 1 |
| 4 |   |   |   |   | 6 |   |   | 7 |
|   |   | 7 |   |   |   |   |   |   |

Puzzle #175

|   |   |   |   | 5 | 9 | 7 | 2 |   |
| 9 |   | 2 |   |   |   |   |   | 6 |
|   |   |   | 1 |   |   |   |   | 4 |
|   |   |   | 5 |   |   |   |   | 9 |
|   | 6 |   | 2 |   | 3 |   | 8 |   |
| 7 |   |   |   |   | 1 |   |   |   |
| 6 |   |   |   |   | 8 |   |   |   |
| 2 |   |   |   |   |   | 8 |   | 1 |
|   | 8 | 5 | 3 | 2 |   |   |   |   |

Puzzle #176

|   | 3 | 2 |   | 9 | 6 |   |   |   |
| 8 | 9 |   |   |   |   |   |   |   |
|   |   | 6 | 3 |   |   | 7 |   |   |
|   |   |   |   |   | 7 |   |   | 8 |
|   | 8 | 4 |   |   |   | 3 | 7 |   |
| 2 |   |   | 8 |   |   |   |   |   |
|   |   | 5 |   |   | 4 | 6 |   |   |
|   |   |   |   |   |   |   | 5 | 1 |
|   |   |   | 9 | 3 |   | 2 | 8 |   |

Puzzle #177

|   | 6 | 1 |   | 8 |   |   |   |   |
|---|---|---|---|---|---|---|---|---|
|   |   | 8 |   |   |   |   |   | 6 |
|   |   | 4 | 5 | 9 |   |   | 2 |   |
|   |   |   |   |   | 1 |   | 7 |   |
|   |   | 7 |   |   |   | 5 |   |   |
|   | 9 |   | 4 |   |   |   |   |   |
|   | 7 |   |   | 5 | 2 | 8 |   |   |
| 2 |   |   |   |   |   |   | 4 |   |
|   |   |   |   | 3 |   | 7 | 6 |   |

Puzzle #178

|   | 1 | 6 | 5 |   |   |   |   |   |
|---|---|---|---|---|---|---|---|---|
| 3 |   |   |   |   |   | 2 |   |   |
| 4 |   |   | 1 |   | 8 |   |   | 5 |
|   |   |   | 7 |   | 3 |   | 1 |   |
|   |   |   |   | 6 |   |   |   |   |
|   | 5 |   | 4 |   | 1 |   |   |   |
| 7 |   |   | 9 |   | 4 |   |   | 8 |
|   |   | 9 |   |   |   |   |   | 2 |
|   |   |   |   | 2 | 1 | 3 |   |   |

# COLORING PAGE

Puzzle #179

|   | 2 |   |   |   |   |   |   |   |
|---|---|---|---|---|---|---|---|---|
|   |   |   | 8 | 4 |   |   |   |   |
|   |   |   | 7 | 2 |   | 6 | 4 | 8 |
|   | 9 |   |   |   |   |   | 2 |   |
|   |   | 2 | 1 | 6 | 3 | 9 |   |   |
|   | 5 |   |   |   |   |   | 7 |   |
| 1 | 4 | 5 |   | 9 | 8 |   |   |   |
|   |   |   |   | 3 | 1 |   |   |   |
|   |   |   |   |   |   |   | 5 |   |

Puzzle #180

| 2 |   |   | 5 | 4 |   |   |   |   |
|---|---|---|---|---|---|---|---|---|
|   |   | 9 |   |   |   | 1 |   |   |
| 5 |   |   |   |   |   | 2 |   |   |
| 3 | 7 |   | 4 | 1 |   |   |   |   |
| 9 |   |   | 3 |   | 8 |   |   | 1 |
|   |   |   |   | 7 | 6 |   | 9 | 4 |
|   |   | 1 |   |   |   |   |   | 9 |
|   |   | 7 |   |   |   | 6 |   |   |
|   |   |   | 6 | 7 |   |   |   | 5 |

Puzzle #181

|   | 9 | 7 |   | 6 |   |   |   |   |
|---|---|---|---|---|---|---|---|---|
|   |   |   | 8 |   |   | 6 |   |   |
|   |   |   |   |   | 4 | 1 | 2 | 3 |
|   |   |   |   |   |   |   |   | 1 |
|   | 2 | 5 | 7 |   | 1 | 3 | 4 |   |
| 3 |   |   |   |   |   |   |   |   |
| 8 | 7 | 6 | 5 |   |   |   |   |   |
|   |   | 3 |   |   | 9 |   |   |   |
|   |   |   |   | 4 |   |   | 8 | 6 |

Puzzle #182

|   |   |   | 8 |   |   |   | 5 | 1 |
|---|---|---|---|---|---|---|---|---|
|   | 2 |   |   |   | 7 |   |   |   |
|   |   | 6 |   |   | 5 | 4 |   |   |
|   | 7 |   |   | 3 | 9 | 5 |   |   |
|   | 3 |   |   |   |   |   | 8 |   |
|   |   | 9 | 2 | 5 |   |   | 6 |   |
|   |   | 7 | 9 |   |   | 6 |   |   |
|   |   |   | 7 |   |   |   | 1 |   |
| 4 | 6 |   |   | 1 |   |   |   |   |

Puzzle #183

|   |   |   |   |   |   |   |   |   |
|---|---|---|---|---|---|---|---|---|
| 2 |   | 3 |   | 9 |   |   | 4 |   |
|   |   |   |   |   |   |   |   |   |
|   |   | 1 |   | 6 | 7 |   | 2 |   |
| 6 |   |   |   |   | 3 |   | 7 |   |
| 9 |   | 4 |   |   |   | 5 |   | 1 |
|   | 8 |   | 9 |   |   |   |   | 4 |
|   | 2 |   | 1 | 4 |   | 7 |   |   |
|   |   |   |   |   |   |   |   |   |
|   | 1 |   |   | 3 |   | 6 |   | 5 |

Puzzle #184

|   |   |   |   |   |   |   |   |   |
|---|---|---|---|---|---|---|---|---|
|   | 7 |   |   |   |   |   |   |   |
|   |   | 8 |   |   | 6 |   |   | 9 |
|   |   |   |   | 9 | 4 | 7 |   | 8 |
|   | 1 |   |   |   |   | 2 |   |   |
|   | 3 |   | 9 |   | 5 |   | 6 |   |
|   |   | 4 |   |   |   |   | 3 |   |
| 9 |   | 2 | 1 | 7 |   |   |   |   |
| 6 |   |   | 4 |   |   | 3 |   |   |
|   |   |   |   |   |   |   | 1 |   |

# COLORING PAGE

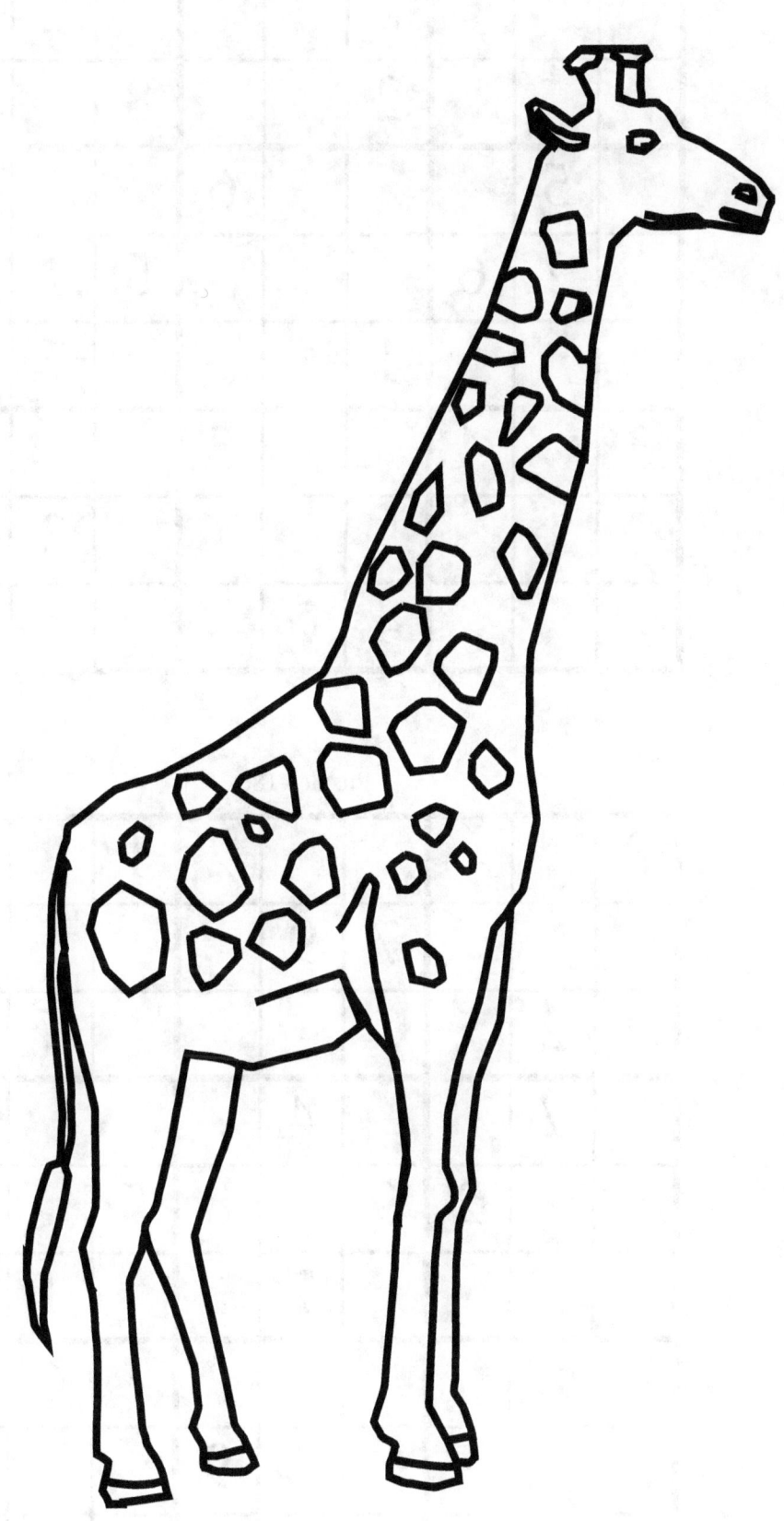

Puzzle #185

|   |   |   |   |   |   |   |   |   |
|---|---|---|---|---|---|---|---|---|
| 8 |   |   |   | 9 | 4 |   |   |   |
|   | 3 |   |   |   |   |   | 2 |   |
|   |   |   | 2 |   |   | 8 |   | 7 |
|   | 5 |   |   |   | 6 |   |   |   |
|   | 2 | 6 |   |   |   | 5 | 1 |   |
|   |   |   | 1 |   |   |   | 7 |   |
| 3 |   | 4 |   |   | 5 |   |   |   |
|   | 1 |   |   |   |   |   | 3 |   |
|   |   |   | 4 | 7 |   |   |   | 8 |

Puzzle #186

|   |   |   |   |   |   |   |   |   |
|---|---|---|---|---|---|---|---|---|
| 8 |   |   |   |   | 2 | 1 |   | 9 |
|   |   |   | 7 | 9 |   |   |   |   |
| 4 | 2 |   |   |   |   |   | 7 |   |
|   | 7 |   |   | 4 |   |   |   |   |
|   |   | 2 | 9 |   | 8 | 5 |   |   |
|   |   |   |   | 7 |   |   | 1 |   |
|   | 8 |   |   |   |   |   | 6 | 1 |
|   |   |   |   | 6 | 9 |   |   |   |
| 7 |   | 5 | 1 |   |   |   |   | 8 |

Page 105

Puzzle #187

|   |   |   |   | 5 | 9 | 1 |   |   |
|---|---|---|---|---|---|---|---|---|
|   |   |   |   |   | 2 | 4 |   |   |
| 3 | 9 |   |   |   |   |   |   |   |
| 9 |   |   | 2 |   |   |   | 7 | 8 |
|   |   | 2 |   | 8 |   | 5 |   |   |
| 6 | 8 |   |   |   | 1 |   |   | 4 |
|   |   |   |   |   |   |   | 1 | 3 |
|   |   | 3 | 9 |   |   |   |   |   |
|   |   | 1 | 7 | 4 |   |   |   |   |

Puzzle #188

|   | 6 |   |   |   |   |   |   | 7 |
|---|---|---|---|---|---|---|---|---|
| 5 |   |   | 9 |   | 2 | 3 |   |   |
|   |   |   |   | 7 |   | 5 | 8 |   |
| 4 | 1 |   |   |   | 7 |   |   |   |
|   |   | 2 |   |   |   | 4 |   |   |
|   |   |   | 3 |   |   |   | 5 | 9 |
|   | 7 | 4 |   | 6 |   |   |   |   |
|   |   |   | 1 | 8 |   | 3 |   | 2 |
| 2 |   |   |   |   |   |   | 6 |   |

Puzzle #189

|   |   |   |   | 3 |   |   | 6 | 9 |
|---|---|---|---|---|---|---|---|---|
|   |   |   |   |   |   | 5 |   |   |
| 5 |   |   | 4 | 6 | 1 | 2 |   |   |
|   | 4 |   | 7 |   |   |   | 3 | 2 |
|   |   |   |   |   |   |   |   |   |
| 7 | 1 |   |   |   | 8 |   | 5 |   |
|   |   | 6 | 1 | 9 | 3 |   |   | 4 |
|   |   | 7 |   |   |   |   |   |   |
| 1 | 9 |   |   | 4 |   |   |   |   |

Puzzle #190

| 5 | 3 |   |   | 6 | 7 |   |   |   |
|---|---|---|---|---|---|---|---|---|
|   |   |   |   |   |   |   |   | 7 |
|   |   |   | 5 |   | 8 | 4 |   |   |
| 9 |   | 1 |   |   |   |   |   | 3 |
|   | 7 | 3 |   |   |   | 9 | 5 |   |
| 4 |   |   |   |   |   | 2 |   | 8 |
|   |   | 4 | 7 |   | 6 |   |   |   |
| 8 |   |   |   |   |   |   |   |   |
|   |   |   | 3 | 8 |   |   | 7 | 9 |

# COLORING PAGE

Puzzle #191

|   | 9 |   |   | 3 |   |   | 1 | 2 |
|---|---|---|---|---|---|---|---|---|
|   | 6 |   |   |   | 1 |   |   |   |
|   |   |   |   |   |   | 8 |   |   |
|   | 7 | 2 |   |   | 4 |   |   | 9 |
| 4 |   |   |   | 1 |   |   |   | 3 |
| 1 |   |   | 5 |   |   | 2 | 7 |   |
|   |   | 4 |   |   |   |   |   |   |
|   |   |   |   | 2 |   |   | 6 |   |
| 7 | 2 |   |   | 6 |   |   | 9 |   |

Puzzle #192

|   |   |   | 6 |   |   |   | 9 | 8 |
|---|---|---|---|---|---|---|---|---|
| 7 | 9 |   |   |   |   | 6 |   |   |
| 8 |   | 1 | 9 |   |   |   | 2 |   |
|   |   |   | 8 |   |   |   |   |   |
|   |   | 9 | 3 |   | 1 | 5 |   |   |
|   |   |   |   |   | 9 |   |   |   |
|   | 4 |   |   |   | 7 | 8 |   | 2 |
|   |   | 8 |   |   |   |   | 3 | 1 |
| 1 | 7 |   |   | 6 |   |   |   |   |

Page 109

Puzzle #193

|   |   |   | 3 |   |   |   | 4 |   |
|---|---|---|---|---|---|---|---|---|
| 1 |   |   |   |   | 8 | 9 |   |   |
|   | 7 | 4 |   | 9 |   |   | 8 |   |
| 6 | 2 |   |   |   |   |   |   |   |
|   | 9 | 7 |   |   |   | 3 | 2 |   |
|   |   |   |   |   |   |   | 1 | 8 |
|   | 4 |   |   | 2 |   | 1 | 7 |   |
|   |   | 2 | 8 |   |   |   |   | 4 |
|   | 3 |   |   |   | 5 |   |   |   |

Puzzle #194

|   | 6 | 4 |   |   | 3 |   |   |   |
|---|---|---|---|---|---|---|---|---|
|   |   |   | 2 | 6 |   |   |   |   |
|   |   | 5 |   | 4 |   |   |   | 1 |
| 9 |   |   |   |   | 5 |   | 3 |   |
|   |   | 8 |   |   |   | 2 |   |   |
|   | 7 |   | 6 |   |   |   |   | 5 |
| 6 |   |   |   | 2 |   | 8 |   |   |
|   |   |   |   | 8 | 4 |   |   |   |
|   |   |   | 9 |   |   | 1 | 2 |   |

Page 110

Puzzle #195

| 6 |   |   | 4 |   |   |   |   |   |
|---|---|---|---|---|---|---|---|---|
|   |   |   |   |   |   |   |   | 2 |
| 7 |   | 8 | 9 | 2 |   | 4 |   |   |
|   | 3 |   |   | 4 |   |   | 2 |   |
| 1 |   |   | 3 |   | 7 |   |   | 6 |
|   | 8 |   |   | 5 |   |   | 7 |   |
|   |   | 3 |   | 7 | 2 | 8 |   | 5 |
| 2 |   |   |   |   |   |   |   |   |
|   |   |   |   |   | 6 |   |   | 7 |

Puzzle #196

|   | 4 | 3 |   |   |   |   |   |   |
|---|---|---|---|---|---|---|---|---|
|   |   | 2 |   |   |   | 5 |   | 1 |
| 6 |   |   |   | 8 |   | 7 |   |   |
|   |   | 6 |   |   | 3 |   |   | 5 |
| 4 |   |   | 9 |   | 1 |   |   | 2 |
| 1 |   |   | 7 |   |   | 8 |   |   |
|   |   | 7 |   | 1 |   |   |   | 3 |
| 8 |   | 5 |   |   |   | 1 |   |   |
|   |   |   |   |   |   | 2 | 5 |   |

# COLORING PAGE

Puzzle #197

|   |   | 3 |   | 4 |   |   |   | 7 |
|---|---|---|---|---|---|---|---|---|
|   |   |   |   |   | 9 | 8 | 6 |   |
| 8 |   |   |   |   |   |   |   | 4 |
|   |   |   | 9 | 8 |   |   | 1 |   |
| 6 |   |   | 2 |   | 1 |   |   | 9 |
|   | 1 |   |   | 7 | 6 |   |   |   |
| 9 |   |   |   |   |   |   |   | 3 |
|   | 7 | 8 | 4 |   |   |   |   |   |
| 5 |   |   |   | 6 |   | 1 |   |   |

Puzzle #198

|   |   | 4 |   |   |   |   |   | 8 |
|---|---|---|---|---|---|---|---|---|
| 6 |   |   | 3 |   |   |   |   |   |
|   |   |   | 2 | 9 | 4 |   |   | 6 |
|   | 3 | 5 |   | 2 | 9 |   |   |   |
|   |   |   | 4 |   | 6 |   |   |   |
|   |   |   | 1 | 7 |   | 4 | 2 |   |
| 5 |   |   | 7 | 8 | 2 |   |   |   |
|   |   |   |   |   | 5 |   |   | 3 |
| 2 |   |   |   |   | 9 |   |   |   |

Puzzle #199

|   |   |   |   |   |   |   |   | 7 |
|---|---|---|---|---|---|---|---|---|
|   | 3 |   | 2 | 6 |   |   |   | 8 |
|   |   |   |   | 1 |   | 5 | 4 |   |
|   | 9 |   | 4 |   |   |   | 8 |   |
| 7 |   |   | 8 |   | 3 |   |   | 6 |
|   | 5 |   |   |   | 1 |   | 2 |   |
|   | 4 | 1 |   | 9 |   |   |   |   |
| 5 |   |   |   | 8 | 4 |   | 1 |   |
| 2 |   |   |   |   |   |   |   |   |

Puzzle #200

|   |   |   |   |   | 5 |   |   | 3 |
|---|---|---|---|---|---|---|---|---|
|   |   | 7 |   |   |   |   | 2 |   |
| 9 | 1 | 2 |   | 8 |   |   |   |   |
|   |   | 3 | 6 |   |   |   | 9 |   |
|   | 5 | 4 |   |   |   | 2 | 3 |   |
|   | 6 |   |   |   | 2 | 4 |   |   |
|   |   |   |   | 7 |   | 6 | 5 | 2 |
|   | 4 |   |   |   |   | 8 |   |   |
| 7 |   |   | 9 |   |   |   |   |   |

Puzzle #201

|   |   |   |   |   |   |   |   |   |
|---|---|---|---|---|---|---|---|---|
| 1 |   | 3 |   |   |   | 4 |   |   |
|   |   |   | 6 |   | 9 |   |   |   |
| 8 |   | 2 |   | 1 |   |   |   |   |
| 2 |   | 8 |   | 9 |   |   |   | 6 |
|   | 7 |   |   |   |   |   | 9 |   |
| 6 |   |   |   | 7 |   | 5 |   | 4 |
|   |   |   |   | 6 |   | 3 |   | 8 |
|   |   |   | 7 |   | 5 |   |   |   |
|   |   | 7 |   |   |   | 1 |   | 5 |

Puzzle #202

|   |   |   |   |   |   |   |   |   |
|---|---|---|---|---|---|---|---|---|
| 8 |   |   |   |   |   | 9 |   |   |
|   | 5 |   |   |   | 7 |   |   | 1 |
|   |   |   | 5 | 3 | 8 |   | 6 |   |
| 5 | 7 |   |   |   |   |   |   |   |
|   |   | 3 |   | 7 |   | 2 |   |   |
|   |   |   |   |   |   |   | 9 | 8 |
|   | 6 |   | 1 | 8 | 9 |   |   |   |
| 2 |   |   | 3 |   |   |   | 7 |   |
|   |   | 8 |   |   |   |   |   | 3 |

# COLORING PAGE

Puzzle #203

|   |   |   |   | 4 | 5 |   |   |   |
|---|---|---|---|---|---|---|---|---|
| 1 | 8 |   |   |   |   |   |   |   |
| 9 | 6 |   |   |   | 1 |   | 3 | 4 |
|   | 7 |   |   |   |   | 3 |   | 8 |
| 6 |   |   |   |   |   |   |   | 7 |
| 2 |   | 3 |   |   |   |   | 5 |   |
| 7 | 3 |   | 8 |   |   |   | 4 | 6 |
|   |   |   |   |   |   |   | 1 | 5 |
|   |   |   | 1 | 9 |   |   |   |   |

Puzzle #204

|   | 9 | 3 |   |   | 4 |   | 6 |   |
|---|---|---|---|---|---|---|---|---|
|   |   | 7 |   |   | 8 |   |   |   |
| 6 |   |   | 1 |   |   |   |   |   |
| 9 | 6 |   | 2 |   |   |   |   | 1 |
|   |   | 4 |   |   |   | 2 |   |   |
| 3 |   |   |   |   | 9 |   | 8 | 6 |
|   |   |   |   |   | 2 |   |   | 7 |
|   |   |   |   | 3 |   | 6 |   |   |
|   | 8 |   | 7 |   |   | 1 | 5 |   |

Puzzle #205

|   | 1 |   |   |   |   |   |   | 5 |
|---|---|---|---|---|---|---|---|---|
| 2 |   |   | 3 |   | 9 |   |   |   |
|   | 9 |   | 5 |   |   |   | 7 |   |
|   |   |   | 4 | 5 |   |   | 6 | 9 |
| 4 |   |   |   |   |   |   |   | 1 |
| 9 | 2 |   |   | 3 | 8 |   |   |   |
|   | 7 |   |   |   | 3 |   | 1 |   |
|   |   |   | 9 |   | 6 |   |   | 4 |
| 1 |   |   |   |   |   |   | 8 |   |

Puzzle #206

|   |   | 2 | 5 |   |   |   |   | 4 |
|---|---|---|---|---|---|---|---|---|
|   |   |   |   | 3 | 1 |   |   |   |
|   |   |   |   | 7 |   |   | 9 | 8 |
| 5 |   |   |   |   |   | 1 | 2 | 3 |
|   | 7 |   |   |   |   |   | 4 |   |
| 1 | 8 | 9 |   |   |   |   |   | 5 |
| 6 | 2 |   |   | 8 |   |   |   |   |
|   |   |   | 3 | 5 |   |   |   |   |
| 8 |   |   |   |   | 9 | 7 |   |   |

Puzzle #207

|   |   |   |   |   | 8 |   |   | 9 |
|---|---|---|---|---|---|---|---|---|
|   |   | 2 |   |   | 9 |   | 1 |   |
| 5 |   |   |   |   |   | 2 | 7 |   |
|   |   | 8 | 4 | 5 |   |   |   |   |
| 9 | 7 |   |   |   |   |   | 4 | 6 |
|   |   |   |   | 6 | 3 | 8 |   |   |
|   | 9 | 7 |   |   |   |   |   | 2 |
|   | 1 |   | 8 |   |   | 5 |   |   |
| 8 |   |   | 1 |   |   |   |   |   |

Puzzle #208

| 3 |   |   | 8 |   |   |   |   |   |
|---|---|---|---|---|---|---|---|---|
| 5 |   |   |   |   |   |   | 3 | 7 |
|   |   | 1 |   |   | 6 |   |   |   |
|   |   | 5 | 4 | 7 |   |   | 1 |   |
|   | 6 | 2 |   |   |   | 5 | 4 |   |
|   | 1 |   |   | 2 | 5 | 7 |   |   |
|   |   |   |   | 9 |   | 4 |   |   |
| 2 | 3 |   |   |   |   |   |   | 1 |
|   |   |   |   |   | 1 |   |   | 9 |

# COLORING PAGE

Puzzle #209

|   | 7 |   | 1 |   | 2 |   |   | 5 |
|---|---|---|---|---|---|---|---|---|
|   | 1 |   |   |   | 6 | 2 |   | 4 |
|   |   |   |   |   |   |   | 7 |   |
| 6 |   |   |   | 4 | 1 |   |   |   |
| 5 |   |   |   |   |   |   |   | 7 |
|   |   |   | 3 | 8 |   |   |   | 1 |
|   | 2 |   |   |   |   |   |   |   |
| 9 |   | 8 | 6 |   |   |   | 2 |   |
| 1 |   |   | 7 |   | 8 |   | 9 |   |

Puzzle #210

|   | 5 | 4 | 1 |   |   |   |   |   |
|---|---|---|---|---|---|---|---|---|
|   |   | 2 | 9 | 6 |   | 3 |   |   |
|   |   |   |   | 2 |   |   |   |   |
| 6 |   |   | 3 |   |   |   | 1 |   |
|   | 7 |   |   | 4 |   |   | 5 |   |
|   | 8 |   |   |   | 2 |   |   | 3 |
|   |   |   |   | 8 |   |   |   |   |
|   |   | 7 |   | 3 | 4 | 6 |   |   |
|   |   |   |   |   | 6 | 9 | 2 |   |

Puzzle #211

|   |   | 7 |   | 4 |   |   |   |   |
|---|---|---|---|---|---|---|---|---|
| 4 |   |   |   |   | 6 |   | 2 | 3 |
| 6 |   |   | 1 |   |   |   |   |   |
|   | 3 |   |   | 9 |   |   | 5 |   |
|   |   | 1 | 2 |   | 7 | 3 |   |   |
|   | 6 |   |   | 3 |   |   | 4 |   |
|   |   |   |   |   | 5 |   |   | 8 |
| 5 | 8 |   | 9 |   |   |   |   | 7 |
|   |   |   |   | 7 |   | 1 |   |   |

Puzzle #212

| 7 |   |   |   | 5 |   |   |   | 8 |
|---|---|---|---|---|---|---|---|---|
|   | 2 | 6 |   |   |   |   | 4 |   |
|   |   |   |   | 9 |   |   | 3 |   |
|   | 5 |   | 1 |   | 3 |   |   | 6 |
|   |   | 3 |   |   |   | 7 |   |   |
| 8 |   |   | 6 |   | 9 |   | 5 |   |
|   |   | 5 |   |   | 2 |   |   |   |
|   | 3 |   |   |   |   | 9 | 8 |   |
| 6 |   |   |   | 9 |   |   |   | 5 |

# COLORING PAGE

# COLORING PAGE

# Solutions

### Puzzle #1

| 3 | 4 | 2 | 1 |
|---|---|---|---|
| 1 | 2 | 4 | 3 |
| 4 | 1 | 3 | 2 |
| 2 | 3 | 1 | 4 |

### Puzzle #2

| 3 | 4 | 2 | 1 |
|---|---|---|---|
| 1 | 2 | 4 | 3 |
| 2 | 1 | 3 | 4 |
| 4 | 3 | 1 | 2 |

### Puzzle #3

| 3 | 4 | 1 | 2 |
|---|---|---|---|
| 1 | 2 | 3 | 4 |
| 2 | 1 | 4 | 3 |
| 4 | 3 | 2 | 1 |

### Puzzle #4

| 1 | 3 | 2 | 4 |
|---|---|---|---|
| 2 | 4 | 1 | 3 |
| 3 | 1 | 4 | 2 |
| 4 | 2 | 3 | 1 |

### Puzzle #5

| 2 | 4 | 3 | 1 |
|---|---|---|---|
| 1 | 3 | 4 | 2 |
| 4 | 2 | 1 | 3 |
| 3 | 1 | 2 | 4 |

### Puzzle #6

| 3 | 1 | 4 | 2 |
|---|---|---|---|
| 2 | 4 | 1 | 3 |
| 4 | 2 | 3 | 1 |
| 1 | 3 | 2 | 4 |

Puzzle #7

| 2 | 3 | 4 | 1 |
|---|---|---|---|
| 4 | 1 | 2 | 3 |
| 1 | 2 | 3 | 4 |
| 3 | 4 | 1 | 2 |

Puzzle #8

| 1 | 4 | 2 | 3 |
|---|---|---|---|
| 2 | 3 | 1 | 4 |
| 4 | 1 | 3 | 2 |
| 3 | 2 | 4 | 1 |

Puzzle #9

| 4 | 2 | 1 | 3 |
|---|---|---|---|
| 1 | 3 | 4 | 2 |
| 3 | 1 | 2 | 4 |
| 2 | 4 | 3 | 1 |

Puzzle #10

| 3 | 1 | 2 | 4 |
|---|---|---|---|
| 2 | 4 | 1 | 3 |
| 1 | 3 | 4 | 2 |
| 4 | 2 | 3 | 1 |

Puzzle #11

| 1 | 4 | 3 | 2 |
|---|---|---|---|
| 2 | 3 | 4 | 1 |
| 3 | 2 | 1 | 4 |
| 4 | 1 | 2 | 3 |

Puzzle #12

| 1 | 4 | 2 | 3 |
|---|---|---|---|
| 3 | 2 | 4 | 1 |
| 2 | 3 | 1 | 4 |
| 4 | 1 | 3 | 2 |

Puzzle #13

| 1 | 2 | 4 | 3 |
|---|---|---|---|
| 3 | 4 | 1 | 2 |
| 4 | 3 | 2 | 1 |
| 2 | 1 | 3 | 4 |

Puzzle #14

| 3 | 4 | 2 | 1 |
|---|---|---|---|
| 1 | 2 | 4 | 3 |
| 4 | 3 | 1 | 2 |
| 2 | 1 | 3 | 4 |

Puzzle #15

| 1 | 2 | 4 | 3 |
|---|---|---|---|
| 4 | 3 | 1 | 2 |
| 3 | 4 | 2 | 1 |
| 2 | 1 | 3 | 4 |

Puzzle #16

| 2 | 4 | 3 | 1 |
|---|---|---|---|
| 3 | 1 | 4 | 2 |
| 1 | 3 | 2 | 4 |
| 4 | 2 | 1 | 3 |

Puzzle #17

| 2 | 1 | 4 | 3 |
|---|---|---|---|
| 3 | 4 | 1 | 2 |
| 4 | 3 | 2 | 1 |
| 1 | 2 | 3 | 4 |

Puzzle #18

| 4 | 2 | 3 | 1 |
|---|---|---|---|
| 3 | 1 | 4 | 2 |
| 2 | 4 | 1 | 3 |
| 1 | 3 | 2 | 4 |

### Puzzle #19

| 3 | 2 | 4 | 1 |
|---|---|---|---|
| 1 | 4 | 2 | 3 |
| 2 | 3 | 1 | 4 |
| 4 | 1 | 3 | 2 |

### Puzzle #20

| 3 | 4 | 2 | 1 |
|---|---|---|---|
| 1 | 2 | 4 | 3 |
| 4 | 3 | 1 | 2 |
| 2 | 1 | 3 | 4 |

### Puzzle #21

| 1 | 4 | 2 | 3 |
|---|---|---|---|
| 3 | 2 | 4 | 1 |
| 4 | 1 | 3 | 2 |
| 2 | 3 | 1 | 4 |

### Puzzle #22

| 4 | 3 | 1 | 2 |
|---|---|---|---|
| 2 | 1 | 3 | 4 |
| 3 | 4 | 2 | 1 |
| 1 | 2 | 4 | 3 |

### Puzzle #23

| 2 | 1 | 4 | 3 |
|---|---|---|---|
| 4 | 3 | 2 | 1 |
| 1 | 2 | 3 | 4 |
| 3 | 4 | 1 | 2 |

### Puzzle #24

| 4 | 1 | 3 | 2 |
|---|---|---|---|
| 2 | 3 | 1 | 4 |
| 3 | 4 | 2 | 1 |
| 1 | 2 | 4 | 3 |

### Puzzle #25

| 4 | 2 | 3 | 1 |
|---|---|---|---|
| 1 | 3 | 2 | 4 |
| 3 | 1 | 4 | 2 |
| 2 | 4 | 1 | 3 |

### Puzzle #26

| 2 | 1 | 3 | 4 |
|---|---|---|---|
| 3 | 4 | 2 | 1 |
| 1 | 2 | 4 | 3 |
| 4 | 3 | 1 | 2 |

### Puzzle #27

| 3 | 2 | 1 | 4 |
|---|---|---|---|
| 4 | 1 | 2 | 3 |
| 1 | 4 | 3 | 2 |
| 2 | 3 | 4 | 1 |

### Puzzle #28

| 2 | 4 | 1 | 3 |
|---|---|---|---|
| 3 | 1 | 4 | 2 |
| 4 | 2 | 3 | 1 |
| 1 | 3 | 2 | 4 |

### Puzzle #29

| 4 | 2 | 3 | 1 |
|---|---|---|---|
| 3 | 1 | 4 | 2 |
| 2 | 4 | 1 | 3 |
| 1 | 3 | 2 | 4 |

### Puzzle #30

| 2 | 1 | 4 | 3 |
|---|---|---|---|
| 3 | 4 | 1 | 2 |
| 1 | 2 | 3 | 4 |
| 4 | 3 | 2 | 1 |

### Puzzle #31

| 4 | 1 | 2 | 3 |
|---|---|---|---|
| 2 | 3 | 4 | 1 |
| 1 | 4 | 3 | 2 |
| 3 | 2 | 1 | 4 |

### Puzzle #32

| 1 | 4 | 3 | 2 |
|---|---|---|---|
| 2 | 3 | 4 | 1 |
| 4 | 1 | 2 | 3 |
| 3 | 2 | 1 | 4 |

### Puzzle #33

| 2 | 3 | 1 | 4 |
|---|---|---|---|
| 4 | 1 | 2 | 3 |
| 1 | 4 | 3 | 2 |
| 3 | 2 | 4 | 1 |

### Puzzle #34

| 4 | 1 | 3 | 2 |
|---|---|---|---|
| 3 | 2 | 4 | 1 |
| 2 | 3 | 1 | 4 |
| 1 | 4 | 2 | 3 |

### Puzzle #35

| 2 | 4 | 1 | 3 |
|---|---|---|---|
| 3 | 1 | 2 | 4 |
| 4 | 2 | 3 | 1 |
| 1 | 3 | 4 | 2 |

### Puzzle #36

| 2 | 4 | 1 | 3 |
|---|---|---|---|
| 1 | 3 | 4 | 2 |
| 3 | 1 | 2 | 4 |
| 4 | 2 | 3 | 1 |

### Puzzle #37

| 2 | 1 | 4 | 3 |
|---|---|---|---|
| 4 | 3 | 2 | 1 |
| 3 | 2 | 1 | 4 |
| 1 | 4 | 3 | 2 |

### Puzzle #38

| 4 | 3 | 1 | 2 |
|---|---|---|---|
| 2 | 1 | 3 | 4 |
| 3 | 4 | 2 | 1 |
| 1 | 2 | 4 | 3 |

### Puzzle #39

| 4 | 1 | 3 | 2 |
|---|---|---|---|
| 3 | 2 | 4 | 1 |
| 2 | 4 | 1 | 3 |
| 1 | 3 | 2 | 4 |

### Puzzle #40

| 1 | 2 | 4 | 3 |
|---|---|---|---|
| 4 | 3 | 2 | 1 |
| 2 | 1 | 3 | 4 |
| 3 | 4 | 1 | 2 |

### Puzzle #41

| 2 | 3 | 4 | 1 |
|---|---|---|---|
| 4 | 1 | 2 | 3 |
| 3 | 2 | 1 | 4 |
| 1 | 4 | 3 | 2 |

### Puzzle #42

| 3 | 1 | 2 | 4 |
|---|---|---|---|
| 2 | 4 | 3 | 1 |
| 4 | 3 | 1 | 2 |
| 1 | 2 | 4 | 3 |

### Puzzle #43

| 1 | 4 | 3 | 2 |
|---|---|---|---|
| 2 | 3 | 4 | 1 |
| 4 | 1 | 2 | 3 |
| 3 | 2 | 1 | 4 |

### Puzzle #44

| 2 | 4 | 3 | 1 |
|---|---|---|---|
| 1 | 3 | 4 | 2 |
| 4 | 2 | 1 | 3 |
| 3 | 1 | 2 | 4 |

### Puzzle #45

| 1 | 3 | 2 | 4 |
|---|---|---|---|
| 4 | 2 | 3 | 1 |
| 3 | 1 | 4 | 2 |
| 2 | 4 | 1 | 3 |

### Puzzle #46

| 4 | 3 | 2 | 1 |
|---|---|---|---|
| 2 | 1 | 3 | 4 |
| 3 | 4 | 1 | 2 |
| 1 | 2 | 4 | 3 |

### Puzzle #47

| 1 | 3 | 4 | 2 |
|---|---|---|---|
| 2 | 4 | 3 | 1 |
| 3 | 2 | 1 | 4 |
| 4 | 1 | 2 | 3 |

### Puzzle #48

| 2 | 4 | 1 | 3 |
|---|---|---|---|
| 1 | 3 | 2 | 4 |
| 3 | 1 | 4 | 2 |
| 4 | 2 | 3 | 1 |

## Puzzle #49

| 1 | 4 | 3 | 2 |
|---|---|---|---|
| 3 | 2 | 1 | 4 |
| 2 | 1 | 4 | 3 |
| 4 | 3 | 2 | 1 |

## Puzzle #50

| 4 | 3 | 2 | 1 |
|---|---|---|---|
| 2 | 1 | 4 | 3 |
| 1 | 4 | 3 | 2 |
| 3 | 2 | 1 | 4 |

## Puzzle #51

| 2 | 4 | 3 | 1 |
|---|---|---|---|
| 3 | 1 | 2 | 4 |
| 1 | 3 | 4 | 2 |
| 4 | 2 | 1 | 3 |

## Puzzle #52

| 1 | 2 | 4 | 3 |
|---|---|---|---|
| 3 | 4 | 2 | 1 |
| 2 | 1 | 3 | 4 |
| 4 | 3 | 1 | 2 |

## Puzzle #53

| 2 | 3 | 4 | 1 |
|---|---|---|---|
| 4 | 1 | 2 | 3 |
| 1 | 2 | 3 | 4 |
| 3 | 4 | 1 | 2 |

## Puzzle #54

| 4 | 2 | 1 | 3 |
|---|---|---|---|
| 3 | 1 | 2 | 4 |
| 2 | 4 | 3 | 1 |
| 1 | 3 | 4 | 2 |

### Puzzle #55

| 4 | 2 | 3 | 1 |
|---|---|---|---|
| 3 | 1 | 4 | 2 |
| 1 | 3 | 2 | 4 |
| 2 | 4 | 1 | 3 |

### Puzzle #56

| 2 | 3 | 4 | 1 |
|---|---|---|---|
| 4 | 1 | 2 | 3 |
| 3 | 2 | 1 | 4 |
| 1 | 4 | 3 | 2 |

### Puzzle #57

| 3 | 1 | 2 | 4 |
|---|---|---|---|
| 2 | 4 | 3 | 1 |
| 4 | 3 | 1 | 2 |
| 1 | 2 | 4 | 3 |

### Puzzle #58

| 3 | 1 | 2 | 4 |
|---|---|---|---|
| 4 | 2 | 1 | 3 |
| 1 | 3 | 4 | 2 |
| 2 | 4 | 3 | 1 |

### Puzzle #59

| 4 | 2 | 3 | 1 |
|---|---|---|---|
| 1 | 3 | 2 | 4 |
| 2 | 4 | 1 | 3 |
| 3 | 1 | 4 | 2 |

### Puzzle #60

| 4 | 2 | 1 | 3 |
|---|---|---|---|
| 1 | 3 | 4 | 2 |
| 2 | 4 | 3 | 1 |
| 3 | 1 | 2 | 4 |

Puzzle #61

| 3 | 1 | 2 | 4 |
|---|---|---|---|
| 2 | 4 | 3 | 1 |
| 1 | 3 | 4 | 2 |
| 4 | 2 | 1 | 3 |

Puzzle #62

| 4 | 2 | 3 | 1 |
|---|---|---|---|
| 3 | 1 | 4 | 2 |
| 2 | 4 | 1 | 3 |
| 1 | 3 | 2 | 4 |

Puzzle #63

| 3 | 1 | 4 | 2 |
|---|---|---|---|
| 4 | 2 | 3 | 1 |
| 1 | 3 | 2 | 4 |
| 2 | 4 | 1 | 3 |

Puzzle #64

| 1 | 3 | 2 | 4 |
|---|---|---|---|
| 4 | 2 | 3 | 1 |
| 3 | 1 | 4 | 2 |
| 2 | 4 | 1 | 3 |

Puzzle #65

| 3 | 2 | 1 | 4 |
|---|---|---|---|
| 1 | 4 | 3 | 2 |
| 4 | 1 | 2 | 3 |
| 2 | 3 | 4 | 1 |

Puzzle #66

| 4 | 2 | 1 | 3 |
|---|---|---|---|
| 1 | 3 | 4 | 2 |
| 3 | 1 | 2 | 4 |
| 2 | 4 | 3 | 1 |

## Puzzle #67

| 4 | 1 | 3 | 2 |
|---|---|---|---|
| 2 | 3 | 4 | 1 |
| 1 | 4 | 2 | 3 |
| 3 | 2 | 1 | 4 |

## Puzzle #68

| 4 | 2 | 1 | 3 |
|---|---|---|---|
| 1 | 3 | 4 | 2 |
| 3 | 1 | 2 | 4 |
| 2 | 4 | 3 | 1 |

## Puzzle #69

| 1 | 4 | 3 | 2 |
|---|---|---|---|
| 2 | 3 | 4 | 1 |
| 4 | 1 | 2 | 3 |
| 3 | 2 | 1 | 4 |

## Puzzle #70

| 4 | 2 | 3 | 1 |
|---|---|---|---|
| 3 | 1 | 4 | 2 |
| 1 | 4 | 2 | 3 |
| 2 | 3 | 1 | 4 |

## Puzzle #71

| 2 | 3 | 4 | 1 |
|---|---|---|---|
| 4 | 1 | 2 | 3 |
| 3 | 2 | 1 | 4 |
| 1 | 4 | 3 | 2 |

## Puzzle #72

| 2 | 4 | 3 | 1 |
|---|---|---|---|
| 3 | 1 | 2 | 4 |
| 1 | 2 | 4 | 3 |
| 4 | 3 | 1 | 2 |

### Puzzle #73

| 1 | 4 | 2 | 3 |
|---|---|---|---|
| 2 | 3 | 1 | 4 |
| 4 | 2 | 3 | 1 |
| 3 | 1 | 4 | 2 |

### Puzzle #74

| 4 | 2 | 1 | 3 |
|---|---|---|---|
| 1 | 3 | 4 | 2 |
| 3 | 4 | 2 | 1 |
| 2 | 1 | 3 | 4 |

### Puzzle #75

| 1 | 3 | 2 | 4 |
|---|---|---|---|
| 2 | 4 | 1 | 3 |
| 4 | 2 | 3 | 1 |
| 3 | 1 | 4 | 2 |

### Puzzle #76

| 2 | 3 | 1 | 4 |
|---|---|---|---|
| 4 | 1 | 3 | 2 |
| 3 | 2 | 4 | 1 |
| 1 | 4 | 2 | 3 |

### Puzzle #77

| 3 | 1 | 4 | 2 |
|---|---|---|---|
| 4 | 2 | 1 | 3 |
| 1 | 3 | 2 | 4 |
| 2 | 4 | 3 | 1 |

### Puzzle #78

| 1 | 3 | 4 | 2 |
|---|---|---|---|
| 4 | 2 | 3 | 1 |
| 2 | 4 | 1 | 3 |
| 3 | 1 | 2 | 4 |

Puzzle #79

| 1 | 4 | 3 | 2 |
|---|---|---|---|
| 2 | 3 | 1 | 4 |
| 3 | 2 | 4 | 1 |
| 4 | 1 | 2 | 3 |

Puzzle #80

| 3 | 2 | 4 | 1 |
|---|---|---|---|
| 4 | 1 | 3 | 2 |
| 1 | 4 | 2 | 3 |
| 2 | 3 | 1 | 4 |

### Puzzle #81

| 6 | 2 | 3 | 1 | 5 | 4 |
|---|---|---|---|---|---|
| 1 | 4 | 5 | 6 | 3 | 2 |
| 3 | 5 | 4 | 2 | 1 | 6 |
| 2 | 6 | 1 | 3 | 4 | 5 |
| 4 | 3 | 2 | 5 | 6 | 1 |
| 5 | 1 | 6 | 4 | 2 | 3 |

### Puzzle #82

| 3 | 1 | 2 | 6 | 4 | 5 |
|---|---|---|---|---|---|
| 6 | 4 | 5 | 3 | 2 | 1 |
| 1 | 3 | 4 | 5 | 6 | 2 |
| 5 | 2 | 6 | 1 | 3 | 4 |
| 4 | 6 | 1 | 2 | 5 | 3 |
| 2 | 5 | 3 | 4 | 1 | 6 |

### Puzzle #83

| 6 | 2 | 3 | 4 | 5 | 1 |
|---|---|---|---|---|---|
| 4 | 5 | 1 | 6 | 2 | 3 |
| 1 | 4 | 2 | 3 | 6 | 5 |
| 3 | 6 | 5 | 1 | 4 | 2 |
| 2 | 1 | 6 | 5 | 3 | 4 |
| 5 | 3 | 4 | 2 | 1 | 6 |

### Puzzle #84

| 6 | 5 | 1 | 4 | 2 | 3 |
|---|---|---|---|---|---|
| 4 | 2 | 3 | 6 | 1 | 5 |
| 1 | 3 | 2 | 5 | 4 | 6 |
| 5 | 6 | 4 | 1 | 3 | 2 |
| 3 | 1 | 6 | 2 | 5 | 4 |
| 2 | 4 | 5 | 3 | 6 | 1 |

### Puzzle #85

| 2 | 6 | 5 | 4 | 3 | 1 |
|---|---|---|---|---|---|
| 4 | 3 | 1 | 2 | 6 | 5 |
| 5 | 2 | 3 | 1 | 4 | 6 |
| 1 | 4 | 6 | 5 | 2 | 3 |
| 6 | 1 | 2 | 3 | 5 | 4 |
| 3 | 5 | 4 | 6 | 1 | 2 |

### Puzzle #86

| 1 | 3 | 5 | 2 | 6 | 4 |
|---|---|---|---|---|---|
| 2 | 4 | 6 | 1 | 3 | 5 |
| 5 | 2 | 3 | 6 | 4 | 1 |
| 6 | 1 | 4 | 5 | 2 | 3 |
| 3 | 6 | 1 | 4 | 5 | 2 |
| 4 | 5 | 2 | 3 | 1 | 6 |

### Puzzle #87

| 2 | 5 | 6 | 3 | 1 | 4 |
|---|---|---|---|---|---|
| 3 | 1 | 4 | 2 | 5 | 6 |
| 4 | 2 | 5 | 6 | 3 | 1 |
| 6 | 3 | 1 | 4 | 2 | 5 |
| 1 | 6 | 2 | 5 | 4 | 3 |
| 5 | 4 | 3 | 1 | 6 | 2 |

### Puzzle #88

| 1 | 3 | 6 | 5 | 2 | 4 |
|---|---|---|---|---|---|
| 5 | 4 | 2 | 1 | 6 | 3 |
| 6 | 2 | 5 | 4 | 3 | 1 |
| 4 | 1 | 3 | 6 | 5 | 2 |
| 3 | 6 | 1 | 2 | 4 | 5 |
| 2 | 5 | 4 | 3 | 1 | 6 |

### Puzzle #89

| 3 | 2 | 5 | 6 | 1 | 4 |
|---|---|---|---|---|---|
| 6 | 1 | 4 | 3 | 2 | 5 |
| 1 | 5 | 6 | 4 | 3 | 2 |
| 4 | 3 | 2 | 1 | 5 | 6 |
| 5 | 6 | 3 | 2 | 4 | 1 |
| 2 | 4 | 1 | 5 | 6 | 3 |

### Puzzle #90

| 1 | 2 | 6 | 4 | 5 | 3 |
|---|---|---|---|---|---|
| 4 | 5 | 3 | 1 | 6 | 2 |
| 3 | 4 | 2 | 5 | 1 | 6 |
| 5 | 6 | 1 | 3 | 2 | 4 |
| 2 | 1 | 4 | 6 | 3 | 5 |
| 6 | 3 | 5 | 2 | 4 | 1 |

### Puzzle #91

| 1 | 6 | 5 | 4 | 3 | 2 |
|---|---|---|---|---|---|
| 2 | 4 | 3 | 1 | 5 | 6 |
| 3 | 5 | 6 | 2 | 1 | 4 |
| 4 | 2 | 1 | 3 | 6 | 5 |
| 6 | 3 | 4 | 5 | 2 | 1 |
| 5 | 1 | 2 | 6 | 4 | 3 |

### Puzzle #92

| 2 | 4 | 6 | 1 | 5 | 3 |
|---|---|---|---|---|---|
| 1 | 3 | 5 | 2 | 6 | 4 |
| 4 | 5 | 2 | 3 | 1 | 6 |
| 3 | 6 | 1 | 4 | 2 | 5 |
| 5 | 2 | 4 | 6 | 3 | 1 |
| 6 | 1 | 3 | 5 | 4 | 2 |

## Puzzle #93

| 3 | 6 | 2 | 1 | 5 | 4 |
|---|---|---|---|---|---|
| 4 | 1 | 5 | 3 | 2 | 6 |
| 5 | 2 | 1 | 6 | 4 | 3 |
| 6 | 3 | 4 | 5 | 1 | 2 |
| 2 | 5 | 3 | 4 | 6 | 1 |
| 1 | 4 | 6 | 2 | 3 | 5 |

## Puzzle #94

| 2 | 4 | 6 | 1 | 5 | 3 |
|---|---|---|---|---|---|
| 1 | 5 | 3 | 2 | 4 | 6 |
| 3 | 1 | 5 | 6 | 2 | 4 |
| 6 | 2 | 4 | 3 | 1 | 5 |
| 4 | 6 | 2 | 5 | 3 | 1 |
| 5 | 3 | 1 | 4 | 6 | 2 |

## Puzzle #95

| 6 | 5 | 3 | 1 | 4 | 2 |
|---|---|---|---|---|---|
| 1 | 4 | 2 | 6 | 5 | 3 |
| 2 | 6 | 5 | 3 | 1 | 4 |
| 3 | 1 | 4 | 2 | 6 | 5 |
| 4 | 3 | 6 | 5 | 2 | 1 |
| 5 | 2 | 1 | 4 | 3 | 6 |

## Puzzle #96

| 1 | 5 | 3 | 4 | 6 | 2 |
|---|---|---|---|---|---|
| 4 | 2 | 6 | 1 | 5 | 3 |
| 6 | 3 | 5 | 2 | 4 | 1 |
| 2 | 4 | 1 | 6 | 3 | 5 |
| 3 | 1 | 4 | 5 | 2 | 6 |
| 5 | 6 | 2 | 3 | 1 | 4 |

## Puzzle #97

| 6 | 5 | 4 | 3 | 2 | 1 |
|---|---|---|---|---|---|
| 3 | 1 | 2 | 6 | 5 | 4 |
| 4 | 2 | 1 | 5 | 3 | 6 |
| 5 | 6 | 3 | 4 | 1 | 2 |
| 1 | 3 | 6 | 2 | 4 | 5 |
| 2 | 4 | 5 | 1 | 6 | 3 |

## Puzzle #98

| 6 | 2 | 1 | 4 | 5 | 3 |
|---|---|---|---|---|---|
| 4 | 5 | 3 | 6 | 2 | 1 |
| 3 | 1 | 5 | 2 | 6 | 4 |
| 2 | 6 | 4 | 3 | 1 | 5 |
| 1 | 4 | 6 | 5 | 3 | 2 |
| 5 | 3 | 2 | 1 | 4 | 6 |

### Puzzle #99

| 2 | 5 | 4 | 3 | 1 | 6 |
|---|---|---|---|---|---|
| 3 | 1 | 6 | 2 | 5 | 4 |
| 5 | 2 | 1 | 4 | 6 | 3 |
| 6 | 4 | 3 | 5 | 2 | 1 |
| 1 | 3 | 2 | 6 | 4 | 5 |
| 4 | 6 | 5 | 1 | 3 | 2 |

### Puzzle #100

| 6 | 4 | 1 | 3 | 2 | 5 |
|---|---|---|---|---|---|
| 3 | 2 | 5 | 6 | 1 | 4 |
| 5 | 1 | 6 | 2 | 4 | 3 |
| 2 | 3 | 4 | 5 | 6 | 1 |
| 4 | 6 | 3 | 1 | 5 | 2 |
| 1 | 5 | 2 | 4 | 3 | 6 |

### Puzzle #101

| 5 | 1 | 3 | 2 | 6 | 4 |
|---|---|---|---|---|---|
| 2 | 6 | 4 | 5 | 1 | 3 |
| 6 | 3 | 1 | 4 | 2 | 5 |
| 4 | 2 | 5 | 6 | 3 | 1 |
| 3 | 5 | 6 | 1 | 4 | 2 |
| 1 | 4 | 2 | 3 | 5 | 6 |

### Puzzle #102

| 3 | 6 | 2 | 4 | 5 | 1 |
|---|---|---|---|---|---|
| 4 | 1 | 5 | 3 | 2 | 6 |
| 1 | 2 | 6 | 5 | 3 | 4 |
| 5 | 4 | 3 | 1 | 6 | 2 |
| 2 | 3 | 4 | 6 | 1 | 5 |
| 6 | 5 | 1 | 2 | 4 | 3 |

### Puzzle #103

| 5 | 6 | 3 | 4 | 1 | 2 |
|---|---|---|---|---|---|
| 4 | 1 | 2 | 5 | 6 | 3 |
| 2 | 3 | 5 | 1 | 4 | 6 |
| 1 | 4 | 6 | 2 | 3 | 5 |
| 3 | 5 | 1 | 6 | 2 | 4 |
| 6 | 2 | 4 | 3 | 5 | 1 |

### Puzzle #104

| 6 | 1 | 5 | 4 | 2 | 3 |
|---|---|---|---|---|---|
| 4 | 2 | 3 | 6 | 1 | 5 |
| 3 | 5 | 1 | 2 | 4 | 6 |
| 2 | 6 | 4 | 3 | 5 | 1 |
| 5 | 4 | 6 | 1 | 3 | 2 |
| 1 | 3 | 2 | 5 | 6 | 4 |

### Puzzle #105

| 6 | 5 | 3 | 4 | 1 | 2 |
|---|---|---|---|---|---|
| 4 | 2 | 1 | 6 | 5 | 3 |
| 2 | 1 | 6 | 3 | 4 | 5 |
| 3 | 4 | 5 | 2 | 6 | 1 |
| 1 | 3 | 4 | 5 | 2 | 6 |
| 5 | 6 | 2 | 1 | 3 | 4 |

### Puzzle #106

| 5 | 2 | 3 | 6 | 1 | 4 |
|---|---|---|---|---|---|
| 6 | 4 | 1 | 5 | 3 | 2 |
| 4 | 3 | 2 | 1 | 6 | 5 |
| 1 | 5 | 6 | 4 | 2 | 3 |
| 2 | 6 | 5 | 3 | 4 | 1 |
| 3 | 1 | 4 | 2 | 5 | 6 |

### Puzzle #107

| 4 | 2 | 6 | 5 | 1 | 3 |
|---|---|---|---|---|---|
| 5 | 1 | 3 | 4 | 2 | 6 |
| 3 | 5 | 2 | 6 | 4 | 1 |
| 6 | 4 | 1 | 3 | 5 | 2 |
| 1 | 3 | 5 | 2 | 6 | 4 |
| 2 | 6 | 4 | 1 | 3 | 5 |

### Puzzle #108

| 3 | 1 | 2 | 5 | 6 | 4 |
|---|---|---|---|---|---|
| 5 | 4 | 6 | 3 | 1 | 2 |
| 6 | 3 | 4 | 1 | 2 | 5 |
| 1 | 2 | 5 | 6 | 4 | 3 |
| 4 | 6 | 3 | 2 | 5 | 1 |
| 2 | 5 | 1 | 4 | 3 | 6 |

### Puzzle #109

| 1 | 6 | 5 | 3 | 4 | 2 |
|---|---|---|---|---|---|
| 2 | 3 | 4 | 1 | 5 | 6 |
| 4 | 5 | 6 | 2 | 3 | 1 |
| 3 | 2 | 1 | 4 | 6 | 5 |
| 6 | 1 | 3 | 5 | 2 | 4 |
| 5 | 4 | 2 | 6 | 1 | 3 |

### Puzzle #110

| 3 | 5 | 4 | 1 | 6 | 2 |
|---|---|---|---|---|---|
| 1 | 6 | 2 | 3 | 5 | 4 |
| 4 | 2 | 6 | 5 | 3 | 1 |
| 5 | 3 | 1 | 4 | 2 | 6 |
| 6 | 1 | 3 | 2 | 4 | 5 |
| 2 | 4 | 5 | 6 | 1 | 3 |

### Puzzle #111

| 3 | 2 | 6 | 4 | 1 | 5 |
|---|---|---|---|---|---|
| 4 | 1 | 5 | 3 | 2 | 6 |
| 6 | 5 | 1 | 2 | 3 | 4 |
| 2 | 4 | 3 | 6 | 5 | 1 |
| 1 | 6 | 2 | 5 | 4 | 3 |
| 5 | 3 | 4 | 1 | 6 | 2 |

### Puzzle #112

| 6 | 4 | 5 | 2 | 1 | 3 |
|---|---|---|---|---|---|
| 2 | 1 | 3 | 6 | 5 | 4 |
| 3 | 5 | 6 | 4 | 2 | 1 |
| 4 | 2 | 1 | 3 | 6 | 5 |
| 1 | 6 | 4 | 5 | 3 | 2 |
| 5 | 3 | 2 | 1 | 4 | 6 |

### Puzzle #113

| 3 | 1 | 2 | 5 | 6 | 4 |
|---|---|---|---|---|---|
| 5 | 6 | 4 | 3 | 1 | 2 |
| 4 | 3 | 5 | 1 | 2 | 6 |
| 1 | 2 | 6 | 4 | 3 | 5 |
| 6 | 4 | 1 | 2 | 5 | 3 |
| 2 | 5 | 3 | 6 | 4 | 1 |

### Puzzle #114

| 1 | 2 | 6 | 4 | 3 | 5 |
|---|---|---|---|---|---|
| 4 | 5 | 3 | 1 | 6 | 2 |
| 5 | 6 | 2 | 3 | 4 | 1 |
| 3 | 1 | 4 | 5 | 2 | 6 |
| 6 | 3 | 5 | 2 | 1 | 4 |
| 2 | 4 | 1 | 6 | 5 | 3 |

### Puzzle #115

| 5 | 6 | 1 | 2 | 3 | 4 |
|---|---|---|---|---|---|
| 2 | 3 | 4 | 5 | 6 | 1 |
| 1 | 2 | 5 | 6 | 4 | 3 |
| 6 | 4 | 3 | 1 | 2 | 5 |
| 3 | 5 | 2 | 4 | 1 | 6 |
| 4 | 1 | 6 | 3 | 5 | 2 |

### Puzzle #116

| 5 | 4 | 1 | 3 | 6 | 2 |
|---|---|---|---|---|---|
| 3 | 2 | 6 | 5 | 1 | 4 |
| 2 | 6 | 4 | 1 | 3 | 5 |
| 1 | 3 | 5 | 2 | 4 | 6 |
| 6 | 5 | 3 | 4 | 2 | 1 |
| 4 | 1 | 2 | 6 | 5 | 3 |

## Puzzle #117

| 5 | 6 | 3 | 1 | 4 | 2 |
|---|---|---|---|---|---|
| 1 | 4 | 2 | 5 | 6 | 3 |
| 2 | 3 | 6 | 4 | 1 | 5 |
| 4 | 1 | 5 | 2 | 3 | 6 |
| 6 | 2 | 1 | 3 | 5 | 4 |
| 3 | 5 | 4 | 6 | 2 | 1 |

## Puzzle #118

| 2 | 4 | 5 | 3 | 1 | 6 |
|---|---|---|---|---|---|
| 3 | 6 | 1 | 2 | 4 | 5 |
| 5 | 1 | 2 | 6 | 3 | 4 |
| 6 | 3 | 4 | 5 | 2 | 1 |
| 4 | 2 | 6 | 1 | 5 | 3 |
| 1 | 5 | 3 | 4 | 6 | 2 |

## Puzzle #119

| 3 | 4 | 1 | 2 | 5 | 6 |
|---|---|---|---|---|---|
| 2 | 5 | 6 | 3 | 1 | 4 |
| 1 | 3 | 5 | 6 | 4 | 2 |
| 6 | 2 | 4 | 1 | 3 | 5 |
| 4 | 1 | 2 | 5 | 6 | 3 |
| 5 | 6 | 3 | 4 | 2 | 1 |

## Puzzle #120

| 6 | 1 | 2 | 3 | 5 | 4 |
|---|---|---|---|---|---|
| 4 | 3 | 5 | 6 | 2 | 1 |
| 5 | 2 | 1 | 4 | 6 | 3 |
| 3 | 4 | 6 | 5 | 1 | 2 |
| 1 | 5 | 4 | 2 | 3 | 6 |
| 2 | 6 | 3 | 1 | 4 | 5 |

## Puzzle #121

| 5 | 2 | 1 | 6 | 4 | 3 |
|---|---|---|---|---|---|
| 6 | 4 | 3 | 5 | 2 | 1 |
| 1 | 3 | 4 | 2 | 5 | 6 |
| 2 | 5 | 6 | 1 | 3 | 4 |
| 4 | 6 | 5 | 3 | 1 | 2 |
| 3 | 1 | 2 | 4 | 6 | 5 |

## Puzzle #122

| 1 | 3 | 2 | 5 | 6 | 4 |
|---|---|---|---|---|---|
| 5 | 6 | 4 | 1 | 3 | 2 |
| 2 | 4 | 3 | 6 | 1 | 5 |
| 6 | 1 | 5 | 2 | 4 | 3 |
| 3 | 2 | 1 | 4 | 5 | 6 |
| 4 | 5 | 6 | 3 | 2 | 1 |

### Puzzle #123

| 5 | 2 | 4 | 1 | 3 | 6 |
|---|---|---|---|---|---|
| 1 | 3 | 6 | 5 | 4 | 2 |
| 4 | 6 | 3 | 2 | 1 | 5 |
| 2 | 5 | 1 | 4 | 6 | 3 |
| 6 | 4 | 2 | 3 | 5 | 1 |
| 3 | 1 | 5 | 6 | 2 | 4 |

### Puzzle #124

| 6 | 5 | 3 | 4 | 2 | 1 |
|---|---|---|---|---|---|
| 4 | 1 | 2 | 6 | 5 | 3 |
| 3 | 6 | 5 | 1 | 4 | 2 |
| 1 | 2 | 4 | 3 | 6 | 5 |
| 5 | 4 | 1 | 2 | 3 | 6 |
| 2 | 3 | 6 | 5 | 1 | 4 |

### Puzzle #125

| 6 | 2 | 4 | 3 | 5 | 1 |
|---|---|---|---|---|---|
| 3 | 1 | 5 | 6 | 4 | 2 |
| 4 | 5 | 6 | 1 | 2 | 3 |
| 1 | 3 | 2 | 4 | 6 | 5 |
| 5 | 6 | 3 | 2 | 1 | 4 |
| 2 | 4 | 1 | 5 | 3 | 6 |

### Puzzle #126

| 1 | 3 | 5 | 4 | 6 | 2 |
|---|---|---|---|---|---|
| 4 | 2 | 6 | 1 | 5 | 3 |
| 6 | 4 | 3 | 2 | 1 | 5 |
| 2 | 5 | 1 | 6 | 3 | 4 |
| 5 | 6 | 2 | 3 | 4 | 1 |
| 3 | 1 | 4 | 5 | 2 | 6 |

### Puzzle #127

| 1 | 4 | 5 | 3 | 2 | 6 |
|---|---|---|---|---|---|
| 3 | 6 | 2 | 1 | 4 | 5 |
| 5 | 3 | 4 | 2 | 6 | 1 |
| 2 | 1 | 6 | 5 | 3 | 4 |
| 6 | 2 | 1 | 4 | 5 | 3 |
| 4 | 5 | 3 | 6 | 1 | 2 |

### Puzzle #128

| 2 | 5 | 6 | 4 | 3 | 1 |
|---|---|---|---|---|---|
| 4 | 3 | 1 | 2 | 6 | 5 |
| 6 | 1 | 3 | 5 | 4 | 2 |
| 5 | 2 | 4 | 6 | 1 | 3 |
| 3 | 6 | 2 | 1 | 5 | 4 |
| 1 | 4 | 5 | 3 | 2 | 6 |

### Puzzle #129

| 2 | 6 | 4 | 1 | 5 | 3 |
|---|---|---|---|---|---|
| 3 | 1 | 5 | 2 | 4 | 6 |
| 5 | 4 | 6 | 3 | 2 | 1 |
| 1 | 3 | 2 | 5 | 6 | 4 |
| 4 | 5 | 1 | 6 | 3 | 2 |
| 6 | 2 | 3 | 4 | 1 | 5 |

### Puzzle #130

| 6 | 4 | 2 | 5 | 1 | 3 |
|---|---|---|---|---|---|
| 5 | 1 | 3 | 6 | 4 | 2 |
| 2 | 3 | 1 | 4 | 6 | 5 |
| 4 | 6 | 5 | 2 | 3 | 1 |
| 3 | 2 | 4 | 1 | 5 | 6 |
| 1 | 5 | 6 | 3 | 2 | 4 |

### Puzzle #131

| 2 | 1 | 5 | 4 | 3 | 6 |
|---|---|---|---|---|---|
| 4 | 3 | 6 | 2 | 1 | 5 |
| 5 | 2 | 3 | 6 | 4 | 1 |
| 6 | 4 | 1 | 5 | 2 | 3 |
| 3 | 5 | 4 | 1 | 6 | 2 |
| 1 | 6 | 2 | 3 | 5 | 4 |

### Puzzle #132

| 5 | 2 | 1 | 3 | 6 | 4 |
|---|---|---|---|---|---|
| 3 | 6 | 4 | 5 | 2 | 1 |
| 2 | 1 | 6 | 4 | 5 | 3 |
| 4 | 5 | 3 | 2 | 1 | 6 |
| 6 | 4 | 5 | 1 | 3 | 2 |
| 1 | 3 | 2 | 6 | 4 | 5 |

### Puzzle #133

| 3 | 4 | 1 | 6 | 5 | 2 |
|---|---|---|---|---|---|
| 6 | 5 | 2 | 3 | 4 | 1 |
| 2 | 3 | 4 | 1 | 6 | 5 |
| 1 | 6 | 5 | 2 | 3 | 4 |
| 4 | 2 | 3 | 5 | 1 | 6 |
| 5 | 1 | 6 | 4 | 2 | 3 |

### Puzzle #134

| 4 | 5 | 3 | 6 | 1 | 2 |
|---|---|---|---|---|---|
| 6 | 1 | 2 | 4 | 3 | 5 |
| 5 | 3 | 6 | 2 | 4 | 1 |
| 2 | 4 | 1 | 5 | 6 | 3 |
| 3 | 2 | 4 | 1 | 5 | 6 |
| 1 | 6 | 5 | 3 | 2 | 4 |

### Puzzle #135

| 6 | 1 | 3 | 4 | 5 | 2 |
|---|---|---|---|---|---|
| 4 | 2 | 5 | 6 | 1 | 3 |
| 3 | 4 | 6 | 1 | 2 | 5 |
| 1 | 5 | 2 | 3 | 6 | 4 |
| 2 | 6 | 4 | 5 | 3 | 1 |
| 5 | 3 | 1 | 2 | 4 | 6 |

### Puzzle #136

| 6 | 4 | 3 | 2 | 1 | 5 |
|---|---|---|---|---|---|
| 2 | 5 | 1 | 6 | 4 | 3 |
| 1 | 2 | 5 | 3 | 6 | 4 |
| 3 | 6 | 4 | 1 | 5 | 2 |
| 5 | 3 | 6 | 4 | 2 | 1 |
| 4 | 1 | 2 | 5 | 3 | 6 |

### Puzzle #137

| 3 | 5 | 4 | 2 | 1 | 6 |
|---|---|---|---|---|---|
| 2 | 1 | 6 | 3 | 5 | 4 |
| 5 | 6 | 1 | 4 | 2 | 3 |
| 4 | 2 | 3 | 5 | 6 | 1 |
| 1 | 3 | 2 | 6 | 4 | 5 |
| 6 | 4 | 5 | 1 | 3 | 2 |

### Puzzle #138

| 3 | 6 | 2 | 4 | 5 | 1 |
|---|---|---|---|---|---|
| 4 | 5 | 1 | 3 | 6 | 2 |
| 5 | 3 | 6 | 2 | 1 | 4 |
| 2 | 1 | 4 | 5 | 3 | 6 |
| 1 | 4 | 3 | 6 | 2 | 5 |
| 6 | 2 | 5 | 1 | 4 | 3 |

### Puzzle #139

| 6 | 4 | 5 | 1 | 2 | 3 |
|---|---|---|---|---|---|
| 1 | 2 | 3 | 6 | 4 | 5 |
| 3 | 6 | 2 | 5 | 1 | 4 |
| 5 | 1 | 4 | 3 | 6 | 2 |
| 2 | 3 | 6 | 4 | 5 | 1 |
| 4 | 5 | 1 | 2 | 3 | 6 |

### Puzzle #140

| 6 | 2 | 3 | 4 | 5 | 1 |
|---|---|---|---|---|---|
| 4 | 5 | 1 | 6 | 2 | 3 |
| 3 | 1 | 6 | 2 | 4 | 5 |
| 2 | 4 | 5 | 3 | 1 | 6 |
| 1 | 3 | 4 | 5 | 6 | 2 |
| 5 | 6 | 2 | 1 | 3 | 4 |

## Puzzle #141

| 2 | 6 | 3 | 4 | 1 | 5 |
|---|---|---|---|---|---|
| 4 | 1 | 5 | 2 | 6 | 3 |
| 6 | 4 | 2 | 3 | 5 | 1 |
| 3 | 5 | 1 | 6 | 4 | 2 |
| 5 | 3 | 4 | 1 | 2 | 6 |
| 1 | 2 | 6 | 5 | 3 | 4 |

## Puzzle #142

| 5 | 1 | 4 | 3 | 6 | 2 |
|---|---|---|---|---|---|
| 3 | 6 | 2 | 5 | 1 | 4 |
| 6 | 3 | 5 | 4 | 2 | 1 |
| 4 | 2 | 1 | 6 | 3 | 5 |
| 1 | 4 | 6 | 2 | 5 | 3 |
| 2 | 5 | 3 | 1 | 4 | 6 |

## Puzzle #143

| 5 | 2 | 1 | 3 | 6 | 4 |
|---|---|---|---|---|---|
| 3 | 6 | 4 | 5 | 1 | 2 |
| 4 | 5 | 2 | 1 | 3 | 6 |
| 1 | 3 | 6 | 4 | 2 | 5 |
| 2 | 4 | 3 | 6 | 5 | 1 |
| 6 | 1 | 5 | 2 | 4 | 3 |

## Puzzle #144

| 2 | 3 | 1 | 4 | 6 | 5 |
|---|---|---|---|---|---|
| 4 | 6 | 5 | 2 | 3 | 1 |
| 1 | 5 | 6 | 3 | 2 | 4 |
| 3 | 4 | 2 | 1 | 5 | 6 |
| 6 | 2 | 4 | 5 | 1 | 3 |
| 5 | 1 | 3 | 6 | 4 | 2 |

## Puzzle #145

| 4 | 6 | 1 | 5 | 2 | 3 |
|---|---|---|---|---|---|
| 5 | 3 | 2 | 4 | 1 | 6 |
| 1 | 2 | 3 | 6 | 4 | 5 |
| 6 | 5 | 4 | 1 | 3 | 2 |
| 2 | 1 | 6 | 3 | 5 | 4 |
| 3 | 4 | 5 | 2 | 6 | 1 |

## Puzzle #146

| 6 | 1 | 5 | 3 | 4 | 2 |
|---|---|---|---|---|---|
| 3 | 4 | 2 | 6 | 1 | 5 |
| 5 | 2 | 6 | 1 | 3 | 4 |
| 1 | 3 | 4 | 5 | 2 | 6 |
| 2 | 6 | 3 | 4 | 5 | 1 |
| 4 | 5 | 1 | 2 | 6 | 3 |

### Puzzle #147

| 3 | 1 | 6 | 4 | 2 | 5 |
|---|---|---|---|---|---|
| 4 | 5 | 2 | 3 | 6 | 1 |
| 6 | 4 | 3 | 5 | 1 | 2 |
| 5 | 2 | 1 | 6 | 3 | 4 |
| 2 | 6 | 5 | 1 | 4 | 3 |
| 1 | 3 | 4 | 2 | 5 | 6 |

### Puzzle #148

| 5 | 2 | 3 | 6 | 1 | 4 |
|---|---|---|---|---|---|
| 6 | 4 | 1 | 5 | 3 | 2 |
| 1 | 5 | 2 | 4 | 6 | 3 |
| 4 | 3 | 6 | 1 | 2 | 5 |
| 2 | 6 | 4 | 3 | 5 | 1 |
| 3 | 1 | 5 | 2 | 4 | 6 |

### Puzzle #149

| 1 | 2 | 5 | 4 | 6 | 3 |
|---|---|---|---|---|---|
| 4 | 6 | 3 | 1 | 2 | 5 |
| 3 | 1 | 6 | 5 | 4 | 2 |
| 5 | 4 | 2 | 3 | 1 | 6 |
| 6 | 5 | 4 | 2 | 3 | 1 |
| 2 | 3 | 1 | 6 | 5 | 4 |

### Puzzle #150

| 1 | 4 | 5 | 2 | 6 | 3 |
|---|---|---|---|---|---|
| 2 | 6 | 3 | 1 | 5 | 4 |
| 3 | 5 | 4 | 6 | 1 | 2 |
| 6 | 2 | 1 | 3 | 4 | 5 |
| 5 | 1 | 2 | 4 | 3 | 6 |
| 4 | 3 | 6 | 5 | 2 | 1 |

### Puzzle #151

| 4 | 1 | 2 | 5 | 6 | 3 |
|---|---|---|---|---|---|
| 3 | 5 | 6 | 4 | 1 | 2 |
| 6 | 2 | 4 | 3 | 5 | 1 |
| 5 | 3 | 1 | 6 | 2 | 4 |
| 1 | 4 | 5 | 2 | 3 | 6 |
| 2 | 6 | 3 | 1 | 4 | 5 |

### Puzzle #152

| 5 | 3 | 2 | 1 | 6 | 4 |
|---|---|---|---|---|---|
| 1 | 4 | 6 | 5 | 3 | 2 |
| 4 | 1 | 3 | 2 | 5 | 6 |
| 2 | 6 | 5 | 4 | 1 | 3 |
| 6 | 5 | 4 | 3 | 2 | 1 |
| 3 | 2 | 1 | 6 | 4 | 5 |

Puzzle #153

| 3 | 9 | 8 | 5 | 4 | 2 | 1 | 6 | 7 |
| - | - | - | - | - | - | - | - | - |
| 4 | 7 | 6 | 9 | 8 | 1 | 2 | 5 | 3 |
| 5 | 1 | 2 | 7 | 3 | 6 | 9 | 4 | 8 |
| 7 | 2 | 4 | 3 | 9 | 5 | 6 | 8 | 1 |
| 1 | 5 | 3 | 8 | 6 | 4 | 7 | 9 | 2 |
| 6 | 8 | 9 | 1 | 2 | 7 | 4 | 3 | 5 |
| 8 | 4 | 1 | 2 | 5 | 9 | 3 | 7 | 6 |
| 2 | 6 | 5 | 4 | 7 | 3 | 8 | 1 | 9 |
| 9 | 3 | 7 | 6 | 1 | 8 | 5 | 2 | 4 |

Puzzle #154

| 3 | 9 | 2 | 5 | 4 | 6 | 7 | 8 | 1 |
| - | - | - | - | - | - | - | - | - |
| 8 | 5 | 1 | 3 | 2 | 7 | 4 | 6 | 9 |
| 6 | 7 | 4 | 1 | 8 | 9 | 3 | 5 | 2 |
| 1 | 3 | 8 | 2 | 5 | 4 | 6 | 9 | 7 |
| 2 | 6 | 7 | 8 | 9 | 3 | 1 | 4 | 5 |
| 9 | 4 | 5 | 6 | 7 | 1 | 2 | 3 | 8 |
| 5 | 2 | 3 | 7 | 6 | 8 | 9 | 1 | 4 |
| 4 | 8 | 6 | 9 | 1 | 2 | 5 | 7 | 3 |
| 7 | 1 | 9 | 4 | 3 | 5 | 8 | 2 | 6 |

Puzzle #155

| 5 | 8 | 3 | 9 | 4 | 1 | 6 | 2 | 7 |
| - | - | - | - | - | - | - | - | - |
| 1 | 6 | 2 | 8 | 5 | 7 | 4 | 3 | 9 |
| 7 | 4 | 9 | 2 | 6 | 3 | 8 | 1 | 5 |
| 6 | 1 | 8 | 5 | 7 | 9 | 2 | 4 | 3 |
| 9 | 2 | 7 | 4 | 3 | 8 | 1 | 5 | 6 |
| 3 | 5 | 4 | 6 | 1 | 2 | 9 | 7 | 8 |
| 4 | 9 | 5 | 3 | 2 | 6 | 7 | 8 | 1 |
| 8 | 3 | 1 | 7 | 9 | 4 | 5 | 6 | 2 |
| 2 | 7 | 6 | 1 | 8 | 5 | 3 | 9 | 4 |

Puzzle #156

| 6 | 1 | 8 | 3 | 2 | 7 | 5 | 9 | 4 |
| - | - | - | - | - | - | - | - | - |
| 5 | 3 | 2 | 8 | 4 | 9 | 1 | 7 | 6 |
| 9 | 4 | 7 | 5 | 6 | 1 | 2 | 8 | 3 |
| 3 | 7 | 6 | 2 | 9 | 4 | 8 | 5 | 1 |
| 4 | 2 | 5 | 1 | 8 | 3 | 9 | 6 | 7 |
| 1 | 8 | 9 | 6 | 7 | 5 | 3 | 4 | 2 |
| 7 | 5 | 1 | 9 | 3 | 6 | 4 | 2 | 8 |
| 2 | 6 | 3 | 4 | 5 | 8 | 7 | 1 | 9 |
| 8 | 9 | 4 | 7 | 1 | 2 | 6 | 3 | 5 |

Puzzle #157

| 2 | 7 | 3 | 1 | 5 | 9 | 4 | 6 | 8 |
|---|---|---|---|---|---|---|---|---|
| 5 | 1 | 4 | 8 | 7 | 6 | 3 | 2 | 9 |
| 9 | 8 | 6 | 3 | 4 | 2 | 5 | 1 | 7 |
| 3 | 5 | 7 | 4 | 8 | 1 | 2 | 9 | 6 |
| 8 | 2 | 9 | 5 | 6 | 7 | 1 | 3 | 4 |
| 6 | 4 | 1 | 9 | 2 | 3 | 7 | 8 | 5 |
| 4 | 3 | 2 | 7 | 9 | 8 | 6 | 5 | 1 |
| 1 | 9 | 5 | 6 | 3 | 4 | 8 | 7 | 2 |
| 7 | 6 | 8 | 2 | 1 | 5 | 9 | 4 | 3 |

Puzzle #158

| 8 | 6 | 2 | 1 | 7 | 5 | 3 | 4 | 9 |
|---|---|---|---|---|---|---|---|---|
| 9 | 3 | 5 | 2 | 4 | 6 | 8 | 7 | 1 |
| 4 | 1 | 7 | 3 | 8 | 9 | 5 | 6 | 2 |
| 7 | 2 | 3 | 4 | 1 | 8 | 6 | 9 | 5 |
| 6 | 8 | 1 | 5 | 9 | 2 | 7 | 3 | 4 |
| 5 | 4 | 9 | 7 | 6 | 3 | 2 | 1 | 8 |
| 1 | 5 | 4 | 8 | 3 | 7 | 9 | 2 | 6 |
| 2 | 7 | 6 | 9 | 5 | 4 | 1 | 8 | 3 |
| 3 | 9 | 8 | 6 | 2 | 1 | 4 | 5 | 7 |

Puzzle #159

| 1 | 4 | 5 | 3 | 6 | 8 | 9 | 2 | 7 |
|---|---|---|---|---|---|---|---|---|
| 2 | 8 | 6 | 7 | 1 | 9 | 3 | 4 | 5 |
| 3 | 9 | 7 | 2 | 5 | 4 | 6 | 1 | 8 |
| 8 | 1 | 2 | 4 | 9 | 5 | 7 | 6 | 3 |
| 4 | 5 | 9 | 6 | 7 | 3 | 1 | 8 | 2 |
| 6 | 7 | 3 | 8 | 2 | 1 | 5 | 9 | 4 |
| 7 | 3 | 1 | 9 | 8 | 2 | 4 | 5 | 6 |
| 5 | 2 | 4 | 1 | 3 | 6 | 8 | 7 | 9 |
| 9 | 6 | 8 | 5 | 4 | 7 | 2 | 3 | 1 |

Puzzle #160

| 9 | 6 | 2 | 5 | 7 | 8 | 1 | 4 | 3 |
|---|---|---|---|---|---|---|---|---|
| 8 | 3 | 1 | 4 | 2 | 9 | 5 | 7 | 6 |
| 4 | 7 | 5 | 3 | 1 | 6 | 2 | 9 | 8 |
| 5 | 8 | 6 | 1 | 4 | 7 | 3 | 2 | 9 |
| 3 | 4 | 7 | 8 | 9 | 2 | 6 | 1 | 5 |
| 2 | 1 | 9 | 6 | 5 | 3 | 7 | 8 | 4 |
| 6 | 5 | 4 | 7 | 8 | 1 | 9 | 3 | 2 |
| 7 | 9 | 3 | 2 | 6 | 4 | 8 | 5 | 1 |
| 1 | 2 | 8 | 9 | 3 | 5 | 4 | 6 | 7 |

**Puzzle #161**

| 5 | 8 | 7 | 2 | 4 | 3 | 6 | 9 | 1 |
|---|---|---|---|---|---|---|---|---|
| 3 | 6 | 1 | 9 | 8 | 7 | 2 | 4 | 5 |
| 9 | 2 | 4 | 6 | 5 | 1 | 7 | 8 | 3 |
| 4 | 3 | 6 | 1 | 7 | 9 | 8 | 5 | 2 |
| 2 | 1 | 9 | 5 | 3 | 8 | 4 | 6 | 7 |
| 8 | 7 | 5 | 4 | 2 | 6 | 1 | 3 | 9 |
| 1 | 4 | 2 | 8 | 9 | 5 | 3 | 7 | 6 |
| 7 | 5 | 8 | 3 | 6 | 2 | 9 | 1 | 4 |
| 6 | 9 | 3 | 7 | 1 | 4 | 5 | 2 | 8 |

**Puzzle #162**

| 8 | 5 | 7 | 6 | 1 | 2 | 4 | 9 | 3 |
|---|---|---|---|---|---|---|---|---|
| 1 | 3 | 9 | 4 | 8 | 5 | 6 | 2 | 7 |
| 2 | 4 | 6 | 9 | 7 | 3 | 5 | 1 | 8 |
| 7 | 8 | 3 | 1 | 4 | 9 | 2 | 5 | 6 |
| 6 | 1 | 5 | 2 | 3 | 8 | 9 | 7 | 4 |
| 4 | 9 | 2 | 7 | 5 | 6 | 3 | 8 | 1 |
| 3 | 6 | 1 | 5 | 2 | 7 | 8 | 4 | 9 |
| 5 | 7 | 8 | 3 | 9 | 4 | 1 | 6 | 2 |
| 9 | 2 | 4 | 8 | 6 | 1 | 7 | 3 | 5 |

**Puzzle #163**

| 2 | 3 | 1 | 6 | 9 | 7 | 4 | 5 | 8 |
|---|---|---|---|---|---|---|---|---|
| 5 | 9 | 6 | 8 | 3 | 4 | 1 | 2 | 7 |
| 7 | 8 | 4 | 1 | 2 | 5 | 6 | 9 | 3 |
| 6 | 4 | 9 | 7 | 1 | 3 | 5 | 8 | 2 |
| 1 | 2 | 7 | 4 | 5 | 8 | 9 | 3 | 6 |
| 3 | 5 | 8 | 9 | 6 | 2 | 7 | 1 | 4 |
| 4 | 6 | 5 | 2 | 8 | 9 | 3 | 7 | 1 |
| 8 | 7 | 3 | 5 | 4 | 1 | 2 | 6 | 9 |
| 9 | 1 | 2 | 3 | 7 | 6 | 8 | 4 | 5 |

**Puzzle #164**

| 3 | 2 | 1 | 4 | 6 | 8 | 7 | 9 | 5 |
|---|---|---|---|---|---|---|---|---|
| 8 | 4 | 7 | 5 | 3 | 9 | 2 | 1 | 6 |
| 6 | 5 | 9 | 7 | 2 | 1 | 3 | 8 | 4 |
| 5 | 6 | 8 | 2 | 1 | 7 | 4 | 3 | 9 |
| 7 | 3 | 2 | 6 | 9 | 4 | 8 | 5 | 1 |
| 9 | 1 | 4 | 8 | 5 | 3 | 6 | 2 | 7 |
| 1 | 8 | 5 | 3 | 7 | 6 | 9 | 4 | 2 |
| 4 | 9 | 6 | 1 | 8 | 2 | 5 | 7 | 3 |
| 2 | 7 | 3 | 9 | 4 | 5 | 1 | 6 | 8 |

## Puzzle #165

| 8 | 5 | 6 | 1 | 7 | 3 | 4 | 9 | 2 |
|---|---|---|---|---|---|---|---|---|
| 3 | 2 | 1 | 6 | 9 | 4 | 7 | 8 | 5 |
| 4 | 7 | 9 | 5 | 8 | 2 | 3 | 6 | 1 |
| 1 | 9 | 4 | 7 | 5 | 6 | 8 | 2 | 3 |
| 6 | 3 | 2 | 8 | 4 | 9 | 5 | 1 | 7 |
| 7 | 8 | 5 | 3 | 2 | 1 | 6 | 4 | 9 |
| 2 | 4 | 8 | 9 | 3 | 7 | 1 | 5 | 6 |
| 5 | 1 | 3 | 2 | 6 | 8 | 9 | 7 | 4 |
| 9 | 6 | 7 | 4 | 1 | 5 | 2 | 3 | 8 |

## Puzzle #166

| 4 | 3 | 2 | 5 | 9 | 7 | 1 | 8 | 6 |
|---|---|---|---|---|---|---|---|---|
| 5 | 7 | 8 | 4 | 1 | 6 | 3 | 9 | 2 |
| 9 | 1 | 6 | 3 | 2 | 8 | 5 | 4 | 7 |
| 3 | 2 | 7 | 6 | 4 | 9 | 8 | 5 | 1 |
| 8 | 6 | 5 | 2 | 3 | 1 | 9 | 7 | 4 |
| 1 | 9 | 4 | 8 | 7 | 5 | 2 | 6 | 3 |
| 6 | 5 | 3 | 1 | 8 | 4 | 7 | 2 | 9 |
| 7 | 4 | 1 | 9 | 5 | 2 | 6 | 3 | 8 |
| 2 | 8 | 9 | 7 | 6 | 3 | 4 | 1 | 5 |

## Puzzle #167

| 3 | 6 | 8 | 7 | 4 | 5 | 1 | 9 | 2 |
|---|---|---|---|---|---|---|---|---|
| 5 | 9 | 2 | 8 | 3 | 1 | 4 | 6 | 7 |
| 1 | 4 | 7 | 9 | 6 | 2 | 5 | 8 | 3 |
| 4 | 2 | 3 | 1 | 7 | 6 | 8 | 5 | 9 |
| 8 | 5 | 6 | 4 | 2 | 9 | 3 | 7 | 1 |
| 9 | 7 | 1 | 3 | 5 | 8 | 2 | 4 | 6 |
| 7 | 3 | 9 | 5 | 1 | 4 | 6 | 2 | 8 |
| 6 | 1 | 4 | 2 | 8 | 7 | 9 | 3 | 5 |
| 2 | 8 | 5 | 6 | 9 | 3 | 7 | 1 | 4 |

## Puzzle #168

| 8 | 9 | 5 | 6 | 4 | 1 | 7 | 2 | 3 |
|---|---|---|---|---|---|---|---|---|
| 7 | 2 | 4 | 3 | 8 | 5 | 1 | 9 | 6 |
| 1 | 6 | 3 | 9 | 7 | 2 | 4 | 8 | 5 |
| 5 | 1 | 9 | 4 | 2 | 6 | 3 | 7 | 8 |
| 4 | 7 | 2 | 5 | 3 | 8 | 6 | 1 | 9 |
| 6 | 3 | 8 | 1 | 9 | 7 | 5 | 4 | 2 |
| 2 | 8 | 1 | 7 | 6 | 3 | 9 | 5 | 4 |
| 3 | 4 | 7 | 2 | 5 | 9 | 8 | 6 | 1 |
| 9 | 5 | 6 | 8 | 1 | 4 | 2 | 3 | 7 |

Puzzle #169

| 4 | 7 | 3 | 2 | 1 | 6 | 8 | 9 | 5 |
| 2 | 1 | 6 | 9 | 8 | 5 | 3 | 7 | 4 |
| 9 | 5 | 8 | 3 | 4 | 7 | 2 | 1 | 6 |
| 5 | 6 | 4 | 8 | 2 | 9 | 1 | 3 | 7 |
| 3 | 8 | 2 | 4 | 7 | 1 | 5 | 6 | 9 |
| 1 | 9 | 7 | 6 | 5 | 3 | 4 | 8 | 2 |
| 7 | 3 | 5 | 1 | 9 | 4 | 6 | 2 | 8 |
| 6 | 2 | 9 | 5 | 3 | 8 | 7 | 4 | 1 |
| 8 | 4 | 1 | 7 | 6 | 2 | 9 | 5 | 3 |

Puzzle #170

| 6 | 8 | 1 | 3 | 4 | 2 | 5 | 7 | 9 |
| 4 | 2 | 3 | 7 | 5 | 9 | 6 | 8 | 1 |
| 7 | 9 | 5 | 1 | 8 | 6 | 4 | 3 | 2 |
| 5 | 1 | 2 | 6 | 9 | 3 | 8 | 4 | 7 |
| 8 | 6 | 7 | 5 | 2 | 4 | 9 | 1 | 3 |
| 3 | 4 | 9 | 8 | 7 | 1 | 2 | 5 | 6 |
| 2 | 3 | 8 | 4 | 6 | 7 | 1 | 9 | 5 |
| 1 | 5 | 6 | 9 | 3 | 8 | 7 | 2 | 4 |
| 9 | 7 | 4 | 2 | 1 | 5 | 3 | 6 | 8 |

Puzzle #171

| 3 | 1 | 5 | 4 | 6 | 2 | 9 | 7 | 8 |
| 8 | 4 | 9 | 7 | 3 | 1 | 5 | 2 | 6 |
| 2 | 7 | 6 | 8 | 5 | 9 | 3 | 1 | 4 |
| 5 | 2 | 3 | 1 | 4 | 8 | 6 | 9 | 7 |
| 7 | 9 | 8 | 6 | 2 | 3 | 4 | 5 | 1 |
| 1 | 6 | 4 | 5 | 9 | 7 | 2 | 8 | 3 |
| 6 | 5 | 1 | 2 | 7 | 4 | 8 | 3 | 9 |
| 4 | 3 | 7 | 9 | 8 | 5 | 1 | 6 | 2 |
| 9 | 8 | 2 | 3 | 1 | 6 | 7 | 4 | 5 |

Puzzle #172

| 8 | 7 | 3 | 2 | 6 | 4 | 9 | 5 | 1 |
| 4 | 5 | 9 | 8 | 7 | 1 | 3 | 2 | 6 |
| 6 | 1 | 2 | 5 | 3 | 9 | 4 | 8 | 7 |
| 3 | 9 | 6 | 4 | 5 | 8 | 1 | 7 | 2 |
| 1 | 4 | 5 | 6 | 2 | 7 | 8 | 9 | 3 |
| 2 | 8 | 7 | 9 | 1 | 3 | 5 | 6 | 4 |
| 7 | 3 | 8 | 1 | 9 | 2 | 6 | 4 | 5 |
| 9 | 6 | 1 | 7 | 4 | 5 | 2 | 3 | 8 |
| 5 | 2 | 4 | 3 | 8 | 6 | 7 | 1 | 9 |

**Puzzle #173**

| 8 | 6 | 7 | 2 | 1 | 9 | 5 | 4 | 3 |
|---|---|---|---|---|---|---|---|---|
| 4 | 3 | 2 | 8 | 6 | 5 | 7 | 1 | 9 |
| 1 | 9 | 5 | 4 | 7 | 3 | 8 | 6 | 2 |
| 9 | 2 | 1 | 7 | 4 | 6 | 3 | 8 | 5 |
| 6 | 5 | 3 | 9 | 8 | 1 | 4 | 2 | 7 |
| 7 | 4 | 8 | 5 | 3 | 2 | 6 | 9 | 1 |
| 3 | 7 | 6 | 1 | 2 | 4 | 9 | 5 | 8 |
| 2 | 8 | 9 | 6 | 5 | 7 | 1 | 3 | 4 |
| 5 | 1 | 4 | 3 | 9 | 8 | 2 | 7 | 6 |

**Puzzle #174**

| 8 | 7 | 5 | 1 | 9 | 2 | 3 | 6 | 4 |
|---|---|---|---|---|---|---|---|---|
| 1 | 6 | 9 | 7 | 4 | 3 | 8 | 5 | 2 |
| 3 | 4 | 2 | 8 | 6 | 5 | 1 | 7 | 9 |
| 7 | 1 | 3 | 6 | 8 | 4 | 9 | 2 | 5 |
| 2 | 5 | 4 | 3 | 1 | 9 | 7 | 8 | 6 |
| 6 | 9 | 8 | 5 | 2 | 7 | 4 | 1 | 3 |
| 5 | 3 | 6 | 9 | 7 | 8 | 2 | 4 | 1 |
| 4 | 8 | 1 | 2 | 3 | 6 | 5 | 9 | 7 |
| 9 | 2 | 7 | 4 | 5 | 1 | 6 | 3 | 8 |

**Puzzle #175**

| 3 | 1 | 6 | 4 | 5 | 9 | 7 | 2 | 8 |
|---|---|---|---|---|---|---|---|---|
| 9 | 4 | 2 | 8 | 3 | 7 | 5 | 1 | 6 |
| 5 | 7 | 8 | 1 | 6 | 2 | 9 | 3 | 4 |
| 8 | 2 | 1 | 5 | 4 | 6 | 3 | 7 | 9 |
| 4 | 6 | 9 | 2 | 7 | 3 | 1 | 8 | 5 |
| 7 | 5 | 3 | 9 | 8 | 1 | 4 | 6 | 2 |
| 6 | 9 | 4 | 7 | 1 | 8 | 2 | 5 | 3 |
| 2 | 3 | 7 | 6 | 9 | 5 | 8 | 4 | 1 |
| 1 | 8 | 5 | 3 | 2 | 4 | 6 | 9 | 7 |

**Puzzle #176**

| 4 | 3 | 2 | 7 | 9 | 6 | 8 | 1 | 5 |
|---|---|---|---|---|---|---|---|---|
| 8 | 9 | 7 | 2 | 5 | 1 | 4 | 6 | 3 |
| 5 | 1 | 6 | 3 | 4 | 8 | 7 | 2 | 9 |
| 6 | 5 | 3 | 4 | 2 | 7 | 1 | 9 | 8 |
| 1 | 8 | 4 | 5 | 6 | 9 | 3 | 7 | 2 |
| 2 | 7 | 9 | 8 | 1 | 3 | 5 | 4 | 6 |
| 9 | 2 | 5 | 1 | 8 | 4 | 6 | 3 | 7 |
| 3 | 4 | 8 | 6 | 7 | 2 | 9 | 5 | 1 |
| 7 | 6 | 1 | 9 | 3 | 5 | 2 | 8 | 4 |

## Puzzle #177

| 5 | 6 | 1 | 2 | 8 | 3 | 9 | 4 | 7 |
|---|---|---|---|---|---|---|---|---|
| 9 | 2 | 8 | 1 | 4 | 7 | 3 | 5 | 6 |
| 7 | 3 | 4 | 5 | 9 | 6 | 1 | 2 | 8 |
| 8 | 4 | 5 | 9 | 6 | 1 | 2 | 7 | 3 |
| 6 | 1 | 7 | 3 | 2 | 8 | 5 | 9 | 4 |
| 3 | 9 | 2 | 4 | 7 | 5 | 6 | 8 | 1 |
| 4 | 7 | 3 | 6 | 5 | 2 | 8 | 1 | 9 |
| 2 | 8 | 6 | 7 | 1 | 9 | 4 | 3 | 5 |
| 1 | 5 | 9 | 8 | 3 | 4 | 7 | 6 | 2 |

## Puzzle #178

| 8 | 1 | 6 | 5 | 2 | 7 | 3 | 9 | 4 |
|---|---|---|---|---|---|---|---|---|
| 3 | 7 | 5 | 6 | 4 | 9 | 2 | 8 | 1 |
| 4 | 9 | 2 | 1 | 3 | 8 | 7 | 6 | 5 |
| 2 | 4 | 8 | 7 | 9 | 3 | 5 | 1 | 6 |
| 9 | 3 | 1 | 2 | 6 | 5 | 8 | 4 | 7 |
| 6 | 5 | 7 | 4 | 8 | 1 | 9 | 2 | 3 |
| 7 | 2 | 3 | 9 | 1 | 4 | 6 | 5 | 8 |
| 1 | 8 | 9 | 3 | 5 | 6 | 4 | 7 | 2 |
| 5 | 6 | 4 | 8 | 7 | 2 | 1 | 3 | 9 |

## Puzzle #179

| 8 | 2 | 4 | 3 | 1 | 6 | 5 | 9 | 7 |
|---|---|---|---|---|---|---|---|---|
| 7 | 6 | 9 | 8 | 4 | 5 | 2 | 1 | 3 |
| 5 | 1 | 3 | 7 | 2 | 9 | 6 | 4 | 8 |
| 3 | 9 | 8 | 4 | 5 | 7 | 1 | 2 | 6 |
| 4 | 7 | 2 | 1 | 6 | 3 | 9 | 8 | 5 |
| 6 | 5 | 1 | 9 | 8 | 2 | 3 | 7 | 4 |
| 1 | 4 | 5 | 6 | 9 | 8 | 7 | 3 | 2 |
| 2 | 8 | 7 | 5 | 3 | 1 | 4 | 6 | 9 |
| 9 | 3 | 6 | 2 | 7 | 4 | 8 | 5 | 1 |

## Puzzle #180

| 2 | 6 | 3 | 5 | 4 | 1 | 9 | 8 | 7 |
|---|---|---|---|---|---|---|---|---|
| 7 | 4 | 9 | 6 | 8 | 2 | 1 | 5 | 3 |
| 5 | 1 | 8 | 7 | 9 | 3 | 2 | 4 | 6 |
| 3 | 7 | 6 | 4 | 1 | 9 | 5 | 2 | 8 |
| 9 | 2 | 4 | 3 | 5 | 8 | 7 | 6 | 1 |
| 1 | 8 | 5 | 2 | 7 | 6 | 3 | 9 | 4 |
| 6 | 3 | 1 | 8 | 2 | 5 | 4 | 7 | 9 |
| 8 | 5 | 7 | 9 | 3 | 4 | 6 | 1 | 2 |
| 4 | 9 | 2 | 1 | 6 | 7 | 8 | 3 | 5 |

### Puzzle #181

| 2 | 9 | 7 | 1 | 6 | 3 | 5 | 8 | 4 |
|---|---|---|---|---|---|---|---|---|
| 1 | 3 | 4 | 8 | 2 | 5 | 6 | 9 | 7 |
| 5 | 6 | 8 | 9 | 7 | 4 | 1 | 2 | 3 |
| 7 | 8 | 9 | 4 | 3 | 6 | 2 | 5 | 1 |
| 6 | 2 | 5 | 7 | 9 | 1 | 3 | 4 | 8 |
| 3 | 4 | 1 | 2 | 5 | 8 | 9 | 7 | 6 |
| 8 | 7 | 6 | 5 | 1 | 2 | 4 | 3 | 9 |
| 4 | 5 | 3 | 6 | 8 | 9 | 7 | 1 | 2 |
| 9 | 1 | 2 | 3 | 4 | 7 | 8 | 6 | 5 |

### Puzzle #182

| 3 | 9 | 4 | 8 | 6 | 2 | 7 | 5 | 1 |
|---|---|---|---|---|---|---|---|---|
| 5 | 2 | 1 | 4 | 9 | 7 | 8 | 3 | 6 |
| 7 | 8 | 6 | 3 | 1 | 5 | 4 | 9 | 2 |
| 6 | 7 | 8 | 1 | 3 | 9 | 5 | 2 | 4 |
| 2 | 3 | 5 | 6 | 7 | 4 | 1 | 8 | 9 |
| 1 | 4 | 9 | 2 | 5 | 8 | 3 | 6 | 7 |
| 8 | 1 | 7 | 9 | 2 | 3 | 6 | 4 | 5 |
| 9 | 5 | 3 | 7 | 4 | 6 | 2 | 1 | 8 |
| 4 | 6 | 2 | 5 | 8 | 1 | 9 | 7 | 3 |

### Puzzle #183

| 2 | 6 | 3 | 5 | 9 | 1 | 8 | 4 | 7 |
|---|---|---|---|---|---|---|---|---|
| 7 | 9 | 8 | 3 | 2 | 4 | 1 | 5 | 6 |
| 5 | 4 | 1 | 8 | 6 | 7 | 3 | 2 | 9 |
| 6 | 5 | 2 | 4 | 1 | 3 | 9 | 7 | 8 |
| 9 | 3 | 4 | 2 | 7 | 8 | 5 | 6 | 1 |
| 1 | 8 | 7 | 9 | 5 | 6 | 2 | 3 | 4 |
| 8 | 2 | 6 | 1 | 4 | 5 | 7 | 9 | 3 |
| 3 | 7 | 5 | 6 | 8 | 9 | 4 | 1 | 2 |
| 4 | 1 | 9 | 7 | 3 | 2 | 6 | 8 | 5 |

### Puzzle #184

| 4 | 7 | 9 | 2 | 8 | 1 | 6 | 5 | 3 |
|---|---|---|---|---|---|---|---|---|
| 3 | 2 | 8 | 7 | 5 | 6 | 1 | 4 | 9 |
| 1 | 6 | 5 | 3 | 9 | 4 | 7 | 2 | 8 |
| 5 | 1 | 6 | 8 | 3 | 7 | 2 | 9 | 4 |
| 2 | 3 | 7 | 9 | 4 | 5 | 8 | 6 | 1 |
| 8 | 9 | 4 | 6 | 1 | 2 | 5 | 3 | 7 |
| 9 | 5 | 2 | 1 | 7 | 3 | 4 | 8 | 6 |
| 6 | 8 | 1 | 4 | 2 | 9 | 3 | 7 | 5 |
| 7 | 4 | 3 | 5 | 6 | 8 | 9 | 1 | 2 |

Puzzle #185

| 8 | 7 | 2 | 5 | 9 | 4 | 3 | 6 | 1 |
| 4 | 3 | 1 | 8 | 6 | 7 | 9 | 2 | 5 |
| 6 | 9 | 5 | 2 | 3 | 1 | 8 | 4 | 7 |
| 1 | 5 | 3 | 7 | 4 | 6 | 2 | 8 | 9 |
| 7 | 2 | 6 | 3 | 8 | 9 | 5 | 1 | 4 |
| 9 | 4 | 8 | 1 | 5 | 2 | 6 | 7 | 3 |
| 3 | 8 | 4 | 6 | 1 | 5 | 7 | 9 | 2 |
| 5 | 1 | 7 | 9 | 2 | 8 | 4 | 3 | 6 |
| 2 | 6 | 9 | 4 | 7 | 3 | 1 | 5 | 8 |

Puzzle #186

| 8 | 5 | 7 | 6 | 3 | 2 | 1 | 4 | 9 |
| 1 | 3 | 6 | 7 | 9 | 4 | 8 | 2 | 5 |
| 4 | 2 | 9 | 5 | 8 | 1 | 3 | 7 | 6 |
| 5 | 7 | 1 | 3 | 4 | 6 | 9 | 8 | 2 |
| 6 | 4 | 2 | 9 | 1 | 8 | 5 | 3 | 7 |
| 3 | 9 | 8 | 2 | 7 | 5 | 6 | 1 | 4 |
| 9 | 8 | 3 | 4 | 5 | 7 | 2 | 6 | 1 |
| 2 | 1 | 4 | 8 | 6 | 9 | 7 | 5 | 3 |
| 7 | 6 | 5 | 1 | 2 | 3 | 4 | 9 | 8 |

Puzzle #187

| 2 | 7 | 8 | 4 | 5 | 9 | 1 | 3 | 6 |
| 1 | 5 | 6 | 3 | 7 | 2 | 4 | 8 | 9 |
| 3 | 9 | 4 | 1 | 6 | 8 | 2 | 5 | 7 |
| 9 | 1 | 5 | 2 | 3 | 4 | 6 | 7 | 8 |
| 4 | 3 | 2 | 6 | 8 | 7 | 5 | 9 | 1 |
| 6 | 8 | 7 | 5 | 9 | 1 | 3 | 2 | 4 |
| 5 | 4 | 9 | 8 | 2 | 6 | 7 | 1 | 3 |
| 7 | 6 | 3 | 9 | 1 | 5 | 8 | 4 | 2 |
| 8 | 2 | 1 | 7 | 4 | 3 | 9 | 6 | 5 |

Puzzle #188

| 1 | 6 | 8 | 4 | 3 | 5 | 2 | 9 | 7 |
| 5 | 4 | 7 | 9 | 8 | 2 | 3 | 1 | 6 |
| 3 | 2 | 9 | 1 | 7 | 6 | 5 | 8 | 4 |
| 4 | 1 | 3 | 5 | 9 | 7 | 6 | 2 | 8 |
| 9 | 5 | 2 | 6 | 1 | 8 | 4 | 7 | 3 |
| 7 | 8 | 6 | 3 | 2 | 4 | 1 | 5 | 9 |
| 8 | 7 | 4 | 2 | 6 | 1 | 9 | 3 | 5 |
| 6 | 9 | 1 | 8 | 5 | 3 | 7 | 4 | 2 |
| 2 | 3 | 5 | 7 | 4 | 9 | 8 | 6 | 1 |

## Puzzle #189

| 2 | 7 | 4 | 8 | 3 | 5 | 1 | 6 | 9 |
|---|---|---|---|---|---|---|---|---|
| 3 | 6 | 1 | 2 | 7 | 9 | 5 | 4 | 8 |
| 5 | 8 | 9 | 4 | 6 | 1 | 2 | 7 | 3 |
| 9 | 4 | 5 | 7 | 1 | 6 | 8 | 3 | 2 |
| 6 | 2 | 8 | 3 | 5 | 4 | 9 | 1 | 7 |
| 7 | 1 | 3 | 9 | 2 | 8 | 4 | 5 | 6 |
| 8 | 5 | 6 | 1 | 9 | 3 | 7 | 2 | 4 |
| 4 | 3 | 7 | 5 | 8 | 2 | 6 | 9 | 1 |
| 1 | 9 | 2 | 6 | 4 | 7 | 3 | 8 | 5 |

## Puzzle #190

| 5 | 3 | 2 | 4 | 6 | 7 | 8 | 9 | 1 |
|---|---|---|---|---|---|---|---|---|
| 6 | 4 | 8 | 2 | 1 | 9 | 5 | 3 | 7 |
| 7 | 1 | 9 | 5 | 3 | 8 | 4 | 6 | 2 |
| 9 | 8 | 1 | 6 | 5 | 2 | 7 | 4 | 3 |
| 2 | 7 | 3 | 8 | 4 | 1 | 9 | 5 | 6 |
| 4 | 5 | 6 | 9 | 7 | 3 | 2 | 1 | 8 |
| 3 | 9 | 4 | 7 | 2 | 6 | 1 | 8 | 5 |
| 8 | 6 | 7 | 1 | 9 | 5 | 3 | 2 | 4 |
| 1 | 2 | 5 | 3 | 8 | 4 | 6 | 7 | 9 |

## Puzzle #191

| 8 | 9 | 7 | 4 | 3 | 6 | 5 | 1 | 2 |
|---|---|---|---|---|---|---|---|---|
| 5 | 6 | 3 | 8 | 2 | 1 | 9 | 4 | 7 |
| 2 | 4 | 1 | 9 | 7 | 5 | 8 | 3 | 6 |
| 3 | 7 | 2 | 6 | 8 | 4 | 1 | 5 | 9 |
| 4 | 5 | 9 | 7 | 1 | 2 | 6 | 8 | 3 |
| 1 | 8 | 6 | 5 | 9 | 3 | 2 | 7 | 4 |
| 6 | 3 | 4 | 1 | 5 | 9 | 7 | 2 | 8 |
| 9 | 1 | 8 | 2 | 4 | 7 | 3 | 6 | 5 |
| 7 | 2 | 5 | 3 | 6 | 8 | 4 | 9 | 1 |

## Puzzle #192

| 3 | 5 | 4 | 6 | 7 | 2 | 1 | 9 | 8 |
|---|---|---|---|---|---|---|---|---|
| 7 | 9 | 2 | 4 | 1 | 8 | 6 | 5 | 3 |
| 8 | 6 | 1 | 9 | 5 | 3 | 4 | 2 | 7 |
| 4 | 3 | 7 | 8 | 6 | 5 | 2 | 1 | 9 |
| 2 | 8 | 9 | 3 | 4 | 1 | 5 | 7 | 6 |
| 5 | 1 | 6 | 7 | 2 | 9 | 3 | 8 | 4 |
| 9 | 4 | 5 | 1 | 3 | 7 | 8 | 6 | 2 |
| 6 | 2 | 8 | 5 | 9 | 4 | 7 | 3 | 1 |
| 1 | 7 | 3 | 2 | 8 | 6 | 9 | 4 | 5 |

Puzzle #193

| 2 | 8 | 9 | 3 | 7 | 1 | 6 | 4 | 5 |
| 1 | 6 | 5 | 2 | 4 | 8 | 9 | 3 | 7 |
| 3 | 7 | 4 | 5 | 9 | 6 | 2 | 8 | 1 |
| 6 | 2 | 1 | 7 | 8 | 3 | 4 | 5 | 9 |
| 8 | 9 | 7 | 1 | 5 | 4 | 3 | 2 | 6 |
| 4 | 5 | 3 | 9 | 6 | 2 | 7 | 1 | 8 |
| 5 | 4 | 8 | 6 | 2 | 9 | 1 | 7 | 3 |
| 9 | 1 | 2 | 8 | 3 | 7 | 5 | 6 | 4 |
| 7 | 3 | 6 | 4 | 1 | 5 | 8 | 9 | 2 |

Puzzle #194

| 8 | 6 | 4 | 1 | 5 | 3 | 7 | 9 | 2 |
| 1 | 3 | 7 | 2 | 6 | 9 | 5 | 4 | 8 |
| 2 | 9 | 5 | 7 | 4 | 8 | 3 | 6 | 1 |
| 9 | 2 | 6 | 8 | 1 | 5 | 4 | 3 | 7 |
| 3 | 5 | 8 | 4 | 9 | 7 | 2 | 1 | 6 |
| 4 | 7 | 1 | 6 | 3 | 2 | 9 | 8 | 5 |
| 6 | 4 | 9 | 5 | 2 | 1 | 8 | 7 | 3 |
| 7 | 1 | 2 | 3 | 8 | 4 | 6 | 5 | 9 |
| 5 | 8 | 3 | 9 | 7 | 6 | 1 | 2 | 4 |

Puzzle #195

| 6 | 5 | 2 | 4 | 1 | 3 | 7 | 8 | 9 |
| 3 | 4 | 9 | 7 | 6 | 8 | 5 | 1 | 2 |
| 7 | 1 | 8 | 9 | 2 | 5 | 4 | 6 | 3 |
| 5 | 3 | 7 | 6 | 4 | 9 | 1 | 2 | 8 |
| 1 | 2 | 4 | 3 | 8 | 7 | 9 | 5 | 6 |
| 9 | 8 | 6 | 2 | 5 | 1 | 3 | 7 | 4 |
| 4 | 6 | 3 | 1 | 7 | 2 | 8 | 9 | 5 |
| 2 | 7 | 5 | 8 | 9 | 4 | 6 | 3 | 1 |
| 8 | 9 | 1 | 5 | 3 | 6 | 2 | 4 | 7 |

Puzzle #196

| 5 | 4 | 3 | 1 | 2 | 7 | 6 | 8 | 9 |
| 7 | 8 | 2 | 4 | 9 | 6 | 5 | 3 | 1 |
| 6 | 9 | 1 | 3 | 8 | 5 | 7 | 2 | 4 |
| 2 | 7 | 6 | 8 | 4 | 3 | 9 | 1 | 5 |
| 4 | 5 | 8 | 9 | 6 | 1 | 3 | 7 | 2 |
| 1 | 3 | 9 | 7 | 5 | 2 | 8 | 4 | 6 |
| 9 | 2 | 7 | 5 | 1 | 8 | 4 | 6 | 3 |
| 8 | 6 | 5 | 2 | 3 | 4 | 1 | 9 | 7 |
| 3 | 1 | 4 | 6 | 7 | 9 | 2 | 5 | 8 |

Puzzle #197

| 2 | 6 | 3 | 1 | 4 | 8 | 9 | 5 | 7 |
| 7 | 4 | 5 | 3 | 2 | 9 | 8 | 6 | 1 |
| 8 | 9 | 1 | 6 | 5 | 7 | 2 | 3 | 4 |
| 3 | 5 | 2 | 9 | 8 | 4 | 7 | 1 | 6 |
| 6 | 8 | 7 | 2 | 3 | 1 | 5 | 4 | 9 |
| 4 | 1 | 9 | 5 | 7 | 6 | 3 | 8 | 2 |
| 9 | 2 | 6 | 8 | 1 | 5 | 4 | 7 | 3 |
| 1 | 7 | 8 | 4 | 9 | 3 | 6 | 2 | 5 |
| 5 | 3 | 4 | 7 | 6 | 2 | 1 | 9 | 8 |

Puzzle #198

| 3 | 2 | 4 | 5 | 6 | 7 | 1 | 9 | 8 |
| 6 | 7 | 9 | 3 | 1 | 8 | 5 | 4 | 2 |
| 8 | 5 | 1 | 2 | 9 | 4 | 3 | 7 | 6 |
| 4 | 3 | 5 | 8 | 2 | 9 | 7 | 6 | 1 |
| 7 | 1 | 2 | 4 | 5 | 6 | 8 | 3 | 9 |
| 9 | 8 | 6 | 1 | 7 | 3 | 4 | 2 | 5 |
| 5 | 9 | 3 | 7 | 8 | 2 | 6 | 1 | 4 |
| 1 | 6 | 7 | 9 | 4 | 5 | 2 | 8 | 3 |
| 2 | 4 | 8 | 6 | 3 | 1 | 9 | 5 | 7 |

Puzzle #199

| 1 | 2 | 8 | 5 | 4 | 9 | 3 | 6 | 7 |
| 4 | 3 | 5 | 2 | 6 | 7 | 1 | 9 | 8 |
| 9 | 6 | 7 | 3 | 1 | 8 | 5 | 4 | 2 |
| 3 | 9 | 2 | 4 | 5 | 6 | 7 | 8 | 1 |
| 7 | 1 | 4 | 8 | 2 | 3 | 9 | 5 | 6 |
| 8 | 5 | 6 | 9 | 7 | 1 | 4 | 2 | 3 |
| 6 | 4 | 1 | 7 | 9 | 2 | 8 | 3 | 5 |
| 5 | 7 | 3 | 6 | 8 | 4 | 2 | 1 | 9 |
| 2 | 8 | 9 | 1 | 3 | 5 | 6 | 7 | 4 |

Puzzle #200

| 4 | 8 | 6 | 2 | 9 | 5 | 7 | 1 | 3 |
| 5 | 3 | 7 | 4 | 6 | 1 | 9 | 2 | 8 |
| 9 | 1 | 2 | 3 | 8 | 7 | 5 | 6 | 4 |
| 2 | 7 | 3 | 6 | 4 | 8 | 1 | 9 | 5 |
| 8 | 5 | 4 | 7 | 1 | 9 | 2 | 3 | 6 |
| 1 | 6 | 9 | 5 | 3 | 2 | 4 | 8 | 7 |
| 3 | 9 | 1 | 8 | 7 | 4 | 6 | 5 | 2 |
| 6 | 4 | 5 | 1 | 2 | 3 | 8 | 7 | 9 |
| 7 | 2 | 8 | 9 | 5 | 6 | 3 | 4 | 1 |

Puzzle #201

| 1 | 6 | 3 | 8 | 2 | 7 | 4 | 5 | 9 |
| - | - | - | - | - | - | - | - | - |
| 7 | 4 | 5 | 6 | 3 | 9 | 2 | 8 | 1 |
| 8 | 9 | 2 | 5 | 1 | 4 | 6 | 3 | 7 |
| 2 | 5 | 8 | 4 | 9 | 3 | 7 | 1 | 6 |
| 4 | 7 | 1 | 2 | 5 | 6 | 8 | 9 | 3 |
| 6 | 3 | 9 | 1 | 7 | 8 | 5 | 2 | 4 |
| 5 | 2 | 4 | 9 | 6 | 1 | 3 | 7 | 8 |
| 3 | 1 | 6 | 7 | 8 | 5 | 9 | 4 | 2 |
| 9 | 8 | 7 | 3 | 4 | 2 | 1 | 6 | 5 |

Puzzle #202

| 8 | 3 | 2 | 4 | 1 | 6 | 9 | 5 | 7 |
| - | - | - | - | - | - | - | - | - |
| 4 | 5 | 6 | 2 | 9 | 7 | 3 | 8 | 1 |
| 7 | 9 | 1 | 5 | 3 | 8 | 4 | 6 | 2 |
| 5 | 7 | 9 | 8 | 4 | 2 | 1 | 3 | 6 |
| 6 | 8 | 3 | 9 | 7 | 1 | 2 | 4 | 5 |
| 1 | 2 | 4 | 6 | 5 | 3 | 7 | 9 | 8 |
| 3 | 6 | 7 | 1 | 8 | 9 | 5 | 2 | 4 |
| 2 | 1 | 5 | 3 | 6 | 4 | 8 | 7 | 9 |
| 9 | 4 | 8 | 7 | 2 | 5 | 6 | 1 | 3 |

Puzzle #203

| 3 | 2 | 7 | 6 | 4 | 5 | 1 | 8 | 9 |
| - | - | - | - | - | - | - | - | - |
| 1 | 8 | 4 | 7 | 3 | 9 | 5 | 6 | 2 |
| 9 | 6 | 5 | 2 | 8 | 1 | 7 | 3 | 4 |
| 5 | 7 | 9 | 4 | 1 | 6 | 3 | 2 | 8 |
| 6 | 1 | 8 | 5 | 2 | 3 | 4 | 9 | 7 |
| 2 | 4 | 3 | 9 | 7 | 8 | 6 | 5 | 1 |
| 7 | 3 | 1 | 8 | 5 | 2 | 9 | 4 | 6 |
| 4 | 9 | 2 | 3 | 6 | 7 | 8 | 1 | 5 |
| 8 | 5 | 6 | 1 | 9 | 4 | 2 | 7 | 3 |

Puzzle #204

| 1 | 9 | 3 | 5 | 7 | 4 | 8 | 6 | 2 |
| - | - | - | - | - | - | - | - | - |
| 2 | 5 | 7 | 9 | 6 | 8 | 3 | 1 | 4 |
| 6 | 4 | 8 | 1 | 2 | 3 | 5 | 7 | 9 |
| 9 | 6 | 5 | 2 | 8 | 7 | 4 | 3 | 1 |
| 8 | 7 | 4 | 6 | 3 | 1 | 2 | 9 | 5 |
| 3 | 2 | 1 | 4 | 5 | 9 | 7 | 8 | 6 |
| 5 | 3 | 6 | 8 | 1 | 2 | 9 | 4 | 7 |
| 7 | 1 | 9 | 3 | 4 | 5 | 6 | 2 | 8 |
| 4 | 8 | 2 | 7 | 9 | 6 | 1 | 5 | 3 |

Puzzle #205

| 3 | 1 | 7 | 2 | 8 | 4 | 6 | 9 | 5 |
|---|---|---|---|---|---|---|---|---|
| 2 | 6 | 5 | 3 | 7 | 9 | 1 | 4 | 8 |
| 8 | 9 | 4 | 5 | 6 | 1 | 2 | 7 | 3 |
| 7 | 3 | 1 | 4 | 5 | 2 | 8 | 6 | 9 |
| 4 | 5 | 8 | 6 | 9 | 7 | 3 | 2 | 1 |
| 9 | 2 | 6 | 1 | 3 | 8 | 4 | 5 | 7 |
| 6 | 7 | 9 | 8 | 4 | 3 | 5 | 1 | 2 |
| 5 | 8 | 2 | 9 | 1 | 6 | 7 | 3 | 4 |
| 1 | 4 | 3 | 7 | 2 | 5 | 9 | 8 | 6 |

Puzzle #206

| 7 | 9 | 2 | 5 | 6 | 8 | 3 | 1 | 4 |
|---|---|---|---|---|---|---|---|---|
| 4 | 5 | 8 | 9 | 3 | 1 | 2 | 6 | 7 |
| 3 | 6 | 1 | 4 | 7 | 2 | 5 | 9 | 8 |
| 5 | 4 | 6 | 8 | 9 | 7 | 1 | 2 | 3 |
| 2 | 7 | 3 | 6 | 1 | 5 | 8 | 4 | 9 |
| 1 | 8 | 9 | 2 | 4 | 3 | 6 | 7 | 5 |
| 6 | 2 | 5 | 7 | 8 | 4 | 9 | 3 | 1 |
| 9 | 1 | 7 | 3 | 5 | 6 | 4 | 8 | 2 |
| 8 | 3 | 4 | 1 | 2 | 9 | 7 | 5 | 6 |

Puzzle #207

| 7 | 6 | 1 | 5 | 2 | 8 | 4 | 3 | 9 |
|---|---|---|---|---|---|---|---|---|
| 3 | 8 | 2 | 7 | 4 | 9 | 6 | 1 | 5 |
| 5 | 4 | 9 | 3 | 1 | 6 | 2 | 7 | 8 |
| 6 | 3 | 8 | 4 | 5 | 7 | 9 | 2 | 1 |
| 9 | 7 | 5 | 2 | 8 | 1 | 3 | 4 | 6 |
| 1 | 2 | 4 | 9 | 6 | 3 | 8 | 5 | 7 |
| 4 | 9 | 7 | 6 | 3 | 5 | 1 | 8 | 2 |
| 2 | 1 | 6 | 8 | 7 | 4 | 5 | 9 | 3 |
| 8 | 5 | 3 | 1 | 9 | 2 | 7 | 6 | 4 |

Puzzle #208

| 3 | 2 | 4 | 8 | 1 | 7 | 9 | 6 | 5 |
|---|---|---|---|---|---|---|---|---|
| 5 | 8 | 6 | 2 | 4 | 9 | 1 | 3 | 7 |
| 9 | 7 | 1 | 3 | 5 | 6 | 2 | 8 | 4 |
| 8 | 9 | 5 | 4 | 7 | 3 | 6 | 1 | 2 |
| 7 | 6 | 2 | 1 | 9 | 8 | 5 | 4 | 3 |
| 4 | 1 | 3 | 6 | 2 | 5 | 7 | 9 | 8 |
| 1 | 5 | 8 | 9 | 3 | 2 | 4 | 7 | 6 |
| 2 | 3 | 9 | 7 | 6 | 4 | 8 | 5 | 1 |
| 6 | 4 | 7 | 5 | 8 | 1 | 3 | 2 | 9 |

Puzzle #209

| 4 | 7 | 9 | 1 | 3 | 2 | 8 | 6 | 5 |
| 8 | 1 | 5 | 9 | 7 | 6 | 2 | 3 | 4 |
| 3 | 6 | 2 | 8 | 5 | 4 | 1 | 7 | 9 |
| 6 | 3 | 7 | 5 | 4 | 1 | 9 | 8 | 2 |
| 5 | 8 | 1 | 2 | 6 | 9 | 3 | 4 | 7 |
| 2 | 9 | 4 | 3 | 8 | 7 | 6 | 5 | 1 |
| 7 | 2 | 6 | 4 | 9 | 3 | 5 | 1 | 8 |
| 9 | 4 | 8 | 6 | 1 | 5 | 7 | 2 | 3 |
| 1 | 5 | 3 | 7 | 2 | 8 | 4 | 9 | 6 |

Puzzle #210

| 9 | 5 | 4 | 1 | 7 | 3 | 8 | 6 | 2 |
| 7 | 1 | 2 | 9 | 6 | 8 | 3 | 4 | 5 |
| 8 | 6 | 3 | 4 | 2 | 5 | 1 | 7 | 9 |
| 6 | 2 | 5 | 3 | 9 | 7 | 4 | 1 | 8 |
| 3 | 7 | 9 | 8 | 4 | 1 | 2 | 5 | 6 |
| 4 | 8 | 1 | 6 | 5 | 2 | 7 | 9 | 3 |
| 1 | 4 | 6 | 2 | 8 | 9 | 5 | 3 | 7 |
| 2 | 9 | 7 | 5 | 3 | 4 | 6 | 8 | 1 |
| 5 | 3 | 8 | 7 | 1 | 6 | 9 | 2 | 4 |

Puzzle #211

| 8 | 2 | 7 | 5 | 4 | 3 | 6 | 1 | 9 |
| 4 | 1 | 9 | 7 | 8 | 6 | 5 | 2 | 3 |
| 6 | 5 | 3 | 1 | 2 | 9 | 8 | 7 | 4 |
| 2 | 3 | 8 | 6 | 9 | 4 | 7 | 5 | 1 |
| 9 | 4 | 1 | 2 | 5 | 7 | 3 | 8 | 6 |
| 7 | 6 | 5 | 8 | 3 | 1 | 9 | 4 | 2 |
| 1 | 7 | 4 | 3 | 6 | 5 | 2 | 9 | 8 |
| 5 | 8 | 6 | 9 | 1 | 2 | 4 | 3 | 7 |
| 3 | 9 | 2 | 4 | 7 | 8 | 1 | 6 | 5 |

Puzzle #212

| 7 | 1 | 9 | 3 | 5 | 4 | 6 | 2 | 8 |
| 3 | 2 | 6 | 7 | 1 | 8 | 5 | 4 | 9 |
| 5 | 4 | 8 | 9 | 2 | 6 | 3 | 7 | 1 |
| 2 | 5 | 4 | 1 | 7 | 3 | 8 | 9 | 6 |
| 9 | 6 | 3 | 2 | 8 | 5 | 7 | 1 | 4 |
| 8 | 7 | 1 | 6 | 4 | 9 | 2 | 5 | 3 |
| 1 | 9 | 5 | 8 | 3 | 2 | 4 | 6 | 7 |
| 4 | 3 | 7 | 5 | 6 | 1 | 9 | 8 | 2 |
| 6 | 8 | 2 | 4 | 9 | 7 | 1 | 3 | 5 |

# COLORING PAGE

www.ingramcontent.com/pod-product-compliance
Lightning Source LLC
Chambersburg PA
CBHW060415220526
45465CB00008B/2887